초등학생이
가장 궁금해하는
신비한 인체
이야기 30

초등학생이 가장 궁금해하는
신비한 신체 이야기 30

2013년 1월 30일 초판 1쇄 발행

지은이 | 장수하늘소
그린이 | 우디 크리에이티브스
펴낸이 | 한승수
마케팅 | 김승룡
편집 | 이단네, 권빛나
디자인 | 우디

펴낸곳 | 하늘을나는교실
등록 | 제395-2009-000086호
전화 | 02-338-0084
팩스 | 02-338-0087
E-mail | hvline@naver.com

ⓒ 장수하늘소 2013

ISBN 978-89-94757-07-0   64400
ISBN 978-89-963187-0-5(세트)

초등학생이 가장 궁금해하는 신비한 인체 이야기 30

장수하늘소 지음 | 우디 크리에이티브스 그림

하늘을 나는교실

알면 알수록
정교하고 신비로운 인체

여러분 혹시 운동하는 거 좋아하나요?

정말 운동을 좋아하는 사람들은 여름날의 무더운 더위와 강렬한 햇빛 아래서도, 혹은 추운 겨울날 차가운 바람을 맞으면서도 운동을 멈추지 않아요.

하지만 너무 더운 여름에 야외에서 운동을 오래 하면 얼굴이 햇살에 그을려 검게 변하거나 수분을 충분히 섭취하지 않고 땀을 흘리며 운동을 하면 탈수증에 걸리는 등 이런저런 부작용도 있답니다.

추운 겨울에도 마찬가지예요. 처음에는 추워서 이것저것 껴입고 운동을 시작하지만, 운동을 하다 보면 몸에서 열이 나고 땀이 나서 나중에는 겉옷도 벗어 던지게 되지요. 하지만 운동이 끝난 뒤 겉옷을 걸치지 않으면 급작스럽게 몸의 온도가 변하여 감기에 걸리기도 해요.

이러한 모든 일들은 우리 인체의 여러 기관들이 서로 긴밀하게 연락을 주고받으면서 일어나는 반응이에요. 그래서 어떤 사람들은 우리 몸을 '작은 우주'라고도 해요. 우리 몸의 기관과 세포 하나하나가 우리의 몸을 이루며 서로 작용하기 때문이죠.

그럼 운동하는 것이 나쁜 거냐고요? 그렇지 않아요. 우리가 우리 몸을 좀 더 건강하게 하고, 멋진 몸매를 만들기 위해서는 운동이 필수적이랍니다.

하지만 우리가 몸의 구조나 기능을 좀 더 알고 운동을 한다면 더 건강하고 멋진 몸매를 만들 수 있겠지요?

여러분이 이 책을 읽다 보면 우리의 몸이 세상의 어떤 정교한 기계와도 비교가 안 될 정로도 복잡하고 정교하다는 걸 알게 될 거예요. 아주 정교해서 신비롭기까지 하지요.

우리 몸의 모든 부분은 우리가 살아가는 데 없어서는 안 될 중요한 것들이거든요. 만약 우리 몸의 성분이 하나라도 없거나 잘못되면 건강에 이상이 생기고 심하면 목숨을 잃기도 한답니다.

우리는 몸에 대해 잘 모르고, 각 기관들이나 몸을 이루는 각 요소들이 얼마나 중요한지 잘 몰라요. 따라서 '털 한 가닥쯤이야 뭐 어때?' 라고 생각하며 소중하게 다루지 않을 때도 있어요. 하지만 털 한 가닥도 우리 몸에서 없어서는 안 될 만큼 중요하답니다. 털은 우리 몸의 체온을 조절해 주는 일을 하거든요. 심지어 콧구멍에 있는 털은 먼지가 콧속으로 들어가는 걸 걸러 주는 역할을 해요. 이처럼 우리 몸의 모든 기관 하나하나가 우리 몸 전체를 이루고 우리의 몸을 보호해 준답니다. 정말 우리의 몸은 세상의 어떤 기계와도 비교가 안 될 만큼 정교하고 복잡하며 신비롭지 않나요?

여러분이 이 책을 읽고 우리 몸에 대해서 좀 더 자세히 알고, 좀 더 사랑하게 되었으면 좋겠어요.

자, 그럼 '작은 우주' 라 불리는 우리 몸에 대해서 하나씩 알아볼까요?

2013년 1월 현재웅

차례

나리초등학교의 조금 특별한 신체검사

오늘은 신체검사 날! 정말 싫은 날이야.

우리 반 애들이 모두 내 몸무게를 알게 될 텐데.

여칠 전부터 밥도 조금 먹고 줄넘기도 했지만 달라진 건 없어.

그런데 신체검사 전에 무슨 댄스 대회를 한다는 거지?

아아아~ 마이크 시험 중! 마이크 시험 중!

신체검사 전 긴장 좀 풀기 위해 댄스 대회를 열 거야.

우승자에겐 엄청난 선물을 줄 테니 각자 끼를 맘껏 뽐내 보렴. 먼저 1조!

음악 중간중간에 선생님이 하는 말을 잘 듣고 그대로 하는 게 포인트야. 자, 뮤직 큐!

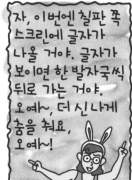

나는 다 잘 보이네. 근데 왜 이걸 하는 거지?

시력 측정 완료!

이번엔 소리가 나는 방향으로 춤추며 가는 거야. 렛츠 고~, 오예~ 신 나게 춤을 춰!

Come on baby come on 귀를 열어 봐.
짝! 짝! 짝!
이쪽이다!
우르르~

짝! 짝! 짝!
청력 측정 완료!

Like this yo Like this. 아래로 흔들어 Like this.
신체 반응 테스트 완료!

자, 잘했어. 1조 신체 검사 끝!

뭐야? 언제 신체 검사를 한 거야?
글쎄 말이야.

그럼 몸무게는 안 재는 거야? 대박!

며칠 후.
어, 선생님에게서 편지와 소포가 왔네.

신체검사 결과
5학년 2반 김지원
몸무게: 44.7kg
키: 153.0cm
시력: 좌2.0 우2.0
청력: 정상

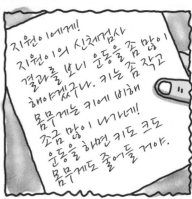
지원이에게!
지원이의 신체검사 결과를 보니 운동을 좀 많이 해야겠구나. 키는 좀 작고 몸무게는 키에 비해 조금 많이 나가네! 운동을 하면 키도 크고 몸무게도 줄어들 거야.

지원이는 다른 아이들보다 눈이 아주 좋구나. 운동 신경도 좋고 말이야.

댄스 실력은 훌륭해서 선생님도 반했단다. 신체검사를 통해 발견한 자신의 몸을 잘 이해하면 더 건강하고 즐거운 하루 하루가 될 거야.

그래서 우리 몸에 대한 이야기가 담긴 책을 보내니 잘 읽어 보길 바란다.

정밀한 기계 같은 우리의 몸!

우리 인간의 몸은 겉으로 보면 그리 복잡해 보이지 않아요. 크게 머리, 몸통 그리고 팔과 다리로 나눌 수 있지요. 하지만 내부를 들여다보면 매우 복잡하고 아주 정밀한 구조를 가지고 있어요. 이 세상 어떤 정밀한 기계와도 비교가 되지 않을 정도로 말이죠. 가장 겉 부분은 피부와 털로 덮여 있고, 피부 안쪽으로는 근육과 지방 등이 분포되어 있어요. 더 안쪽을 들여다보면 여러 내장 기관이 들어 있고, 몸을 지탱해 주는 수많은 뼈와 매우 복잡하게 얽혀 있는 혈관과 신경 세포가 차지하고 있지요. 이런 여러 기관들이 한데 모여서 세상의 어떤 기계보다도 더욱 정밀하게 서로 작용하며 우리 몸을 유지시키고 있답니다.

인체를 모형으로 만든 마네킹이에요. 정밀하게 이뤄진 인체의 내장 기관을 확인할 수 있어요.

우리 몸의 반 이상이 물이라고?

우리의 몸은 무엇으로 이루어져 있을까요? 우리 몸의 약 56–68퍼센트는 물로 이루어져 있어요. 다시 말해 우리 몸의 절반 이상은 물이지요. 그리고 단백질이 14–19퍼센트, 지방이 12–20퍼센트이며, 무기염류가 5–6퍼센트이고, 나머지 1퍼센트 정도는 비타민, 탄수화물 등으로 이루어져 있어요. 이러한 성분을 더 잘게 쪼개어 보면 여러 가지 원소들로 구성되어 있답니다. 즉 우리 몸은 산소, 탄소, 수소, 질소 등의 약 20가지 원소로 이루어져 있지요. 이러한 원소들이 단순히 뭉쳐 있는 것이 아니라 여러 가지 복잡하고 다양한 방식으로 결합해서 뼈나 근육 등을 이루는 것은 물론, 혈액까지 만들고 있어요.

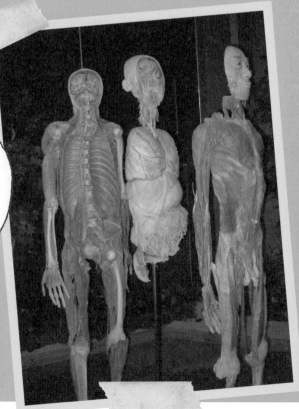

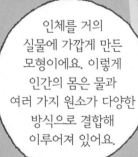

인체를 거의 실물에 가깝게 만든 모형이에요. 이렇게 인간의 몸은 물과 여러 가지 원소가 다양한 방식으로 결합해 이루어져 있어요.

뚱뚱한 사람은 세포의 수도 많은가요?

　세상에는 뚱뚱한 사람도 있고, 마른 사람도 있어요. 그렇다면 뚱뚱한 사람은 마른 사람보다 더 많은 세포를 가지고 있을까요? 그렇지는 않아요. 인간의 몸은 물, 지방, 단백질 등으로 이루어져 있으며 이러한 성분들은 쉽게 늘어나거나 줄어들지 않는답니다.

　그렇다면 흔히 우리가 얘기하는 살이 빠진다는 건 무엇을 뜻하는 걸까요? 살을 이루는 세포의 수가 줄어드는 걸까요? 그건 아니에요. 우리가 살이 빠진다고 했을 때 가장 먼저 지방 부분이 줄어드는 거예요. 반대로 살이 찐다고 하는 것은 지방 성분이 쌓여서 몸이 뚱뚱해지는 거지요. 우리가 음식을 지나치게 많이 먹으면 에너지로 쓰지 못한 것들이 지방 성분으로 바뀌어 몸에 쌓여서 뚱뚱해지는 거랍니다.

엉덩이를 어쩔 거야?

서울시 마포구 안구빌라 305호 민준이네 집.

쾅!

에고고고~

무슨 일이야?

후다닥

얘가 갑자기 왜 이래?

앞이 잘 안 보여서 문에 부딪혔어요. 눈을 뜰 수가 없어요.

이게 원 일이야? 얘 눈이 왜 이래?

아아아~

안 되겠다. 어서 병원에 가자. 업혀!

걸어 가도 돼요.

시끄러. 어서 업혀.

후다닥

아저씨, 빨리요. 우리 아들 심봉사 돼요.

TAXI

부아앙~

맑은안과

안과 여기 있다!

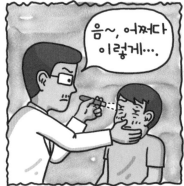

음~, 어쩌다 이렇게….

어떤가요? 심각한가요?

문제는 염소예요.

염소요? 음메에~ 우는 그 염소요?

어린이, 대체 수영장에서 뭘 보려고 했죠?

저, 그게….

와! 꺄!

야!

와! 와!

며칠 전 한강변 수영장.

야, 공 이리로 던져.

왜 여기서 물장구야? 저리 안 가?

야, 근데 민준이는 어디 갔냐?

잠수!

주영이 녀석, 갈비씨라고 날 놀렸겠다!

어디 한번 창피 좀 당해 봐라.

확!

15

큭

깍!

헐~!

다시 맑은안과.

음, 그런 일이 있었단 말이지.

그럼 얘가 옷 벗을 걸 봐서 이런 걸까요?

어린이, 각막이 뭔지 아나?

각막이요?

눈알의 가장 앞쪽에서 눈동자를 보호하는 막이지.

염소 때문이라면서 웬 각막 타령이에요?

각막에는 항상 눈물이 묻어 있어서 각막을 보호하는데….

흡!

아, 왜 제 질문엔 대답도 안 하고 엉뚱한 소리나 하세요?

타

수영장 물속에서 눈을 뜨니 눈물이 씻겨 나가 수영장 물속의 염소가 각막에 직접 닿아 자극을 준 거라고요.

그럼 이대로 영영 눈을 못 뜨게 되나요?

문제는 그게 아니에요.

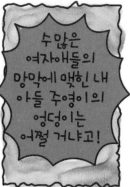

수많은 여자애들의 망막에 맺힌 내 아들 주영이의 엉덩이는 어쩔 거냐고!

16

세상을 볼 수 있는 눈!

아름다운 꽃을 보고, 물체을 보고, 좋아하는 사람을 볼 수 있게 하는 눈. 만약 눈이 없다면 아주 불편할 거예요. 그런데 눈은 어떻게 세상을 볼 수 있게 할까요? 카메라가 사진을 찍는 것과 비슷하다고 생각하면 돼요.

빛이 물체의 표면에 반사되어서 카메라 렌즈를 통해 들어와요. 들어온 빛은 필름에 거꾸로 상을 맺어요. 우리의 눈도 비슷해요. 물체의 표면에 반사된 빛은 우리 눈의 수정체를 통해 들어와요. 수정체를 통과한 빛은 망막에 거꾸로 상을 맺지요. 시신경이 있는 망막에 상이 맺히면, 시신경이 이것을 뇌로 전달해요. 우리의 뇌가 시신경이 전달해 준 정보를 인지하면 물체의 모양을 알게 되는 거지요.

사람의 눈은 왜 두 개일까요?

한쪽 눈을 감고 앞에 있는 물체를 잡아 본 적이 있나요? 아마 두 눈으로 봤을 때와 다르게 느껴졌을 거예요. 그 이유는 물체가 얼마나 떨어져 있는지를 잘 느끼지 못하기 때문이에요. 멀고 가까운 느낌, 즉 원근감이 정확하지가 않아서 그런 거지요. 우리는 눈앞에 있는 물체를 인식할 때 양쪽 눈에서 받아들인 정보를 종합해요. 즉 왼쪽 눈이 받아들인 정보와 오른쪽 눈이 받아들인 정보를 합해서 물체의 크기와 물체가 떨어져 있는 거리를 가늠하지요. 사물이 눈에서부터 떨어져 있는 거리에 따라서 오른쪽 눈과 왼쪽 눈의 눈동자 방향이 조금씩 차이가 있어요. 그래서 똑같은 곳에 있는 물체라도 오른쪽 눈으로 볼 때와 왼쪽 눈으로 볼 때 조금 다르게 느껴지는 거랍니다. 두 눈이 느끼는 이 차이를 종합해서 물체의 크기와 거리를 알 수 있답니다.

우리 눈의 발빠른 적응, 명순응과 암순응

혹시 밝은 곳에 있다가 갑자기 어두운 곳으로 들어가 본 적이 있나요? 극장을 예로 들어 볼까요? 갑자기 어두운 극장에 들어가면 순간적으로 앞이 잘 보이지 않아요. 하지만 시간이 지나면 조금씩 앞이 보이기 시작해요. 이것을 '암순응'이라고 해요. 눈동자 안쪽의 망막에 있는 빛을 느끼는 감각기가 예민해져서 그런 거예요. 반대로 극장에서 영화가 끝나고 밝은 밖으로 나갈 때는 눈이 부시고 잘 보이지 않다가 금세 정상적으로 보여

어두운 극장 내부

요. 이것은 '명순응'이라고 하지요. 암순응이 완전히 끝나는 데는 45분 정도 걸리는 반면, 명순응은 1~2분밖에 걸리지 않는답니다.

 '눈'의 경호원은 누구?

대통령에게 항상 경호원이 따라다니는 것처럼 눈에게도 경호원이 있어요. 눈의 경호원은 외부의 위험으로부터 눈을 보호하는 역할을 해요. 우선 눈물샘은 계속 눈물을 만들어 내며 눈물이 마르지 않게 해 줘요. 눈물은 눈꺼풀이 깜박거릴 때마다 눈 표면에 고르게 적셔져 세균과 먼지를 밖으로 쓸어 내지요. 또 있어요. 바로 눈썹이에요. 눈썹은 이마에서 흐르는 땀이 눈에 들어가지 않도록 중간에서 막아 주지요.

내가 먹은 코딱지의 정체

그럼 오히려 내게 고마워 해야지.

아니, 이 자식이 점점!

너 코딱지가 뭘로 이루어져 있는지 알아?

뭐긴 뭐야, 더러운 콧물이지.

콧물은 더러운 게 아냐. 콧물에는 우리 몸으로 들어오는 해로운 병균을 죽이는 백혈구여 항균 물질 등이 들어 있단 말야.

그래서?

넌 내 코딱지에 든 항균 물질을 먹어서 병에 걸리지 않게 된 거야. 어때, 고맙지?

찡긋

이 자식이 미안하다고 싹싹 빌어도 모자랄 판에.

꽉!

이게 은혜를 원수로 갚으려 하네, 캑캑캑!

알려면 제대로 알아. 코딱지는 콧물과 먼지가 섞여 말라 붙은 거야, 임마!

그건 네 코딱지지. 내 코딱지는 깨끗하다고.

그래? 그럼 네 코딱지 맛 좀 봐라.

아주 코딱지가 넘쳐나는구만.

으악! 사람 살려~!

숨을 들이쉬고 내쉬는 코

우리가 숨을 쉴 때는 주로 코를 이용해요. 코를 통해서 공기를 마시고 내뱉지요. 이때 공기에 섞인 냄새도 맡을 수 있어요. 코 안쪽에 있는 동굴 같은 곳을 '비강'이라고 하는데, 비강은 왼쪽과 오른쪽 2개로 나누어져 있어요. 비강은 '비중격'이라는 벽이 경계를 이루고 있지요. 비중격에는 3개의 주름이 잡혀 있는데, 그중 가장 위에 있는 주름 곁에 냄새를 맡는 특별한 장치가 들어 있답니다. 이곳에 후각 신경이 분포되어 있어서 냄새 입자를 감지해 뇌로 전달해 주지요. 한편, 코의 입구 쪽에는 코털이 나 있는데, 코털은 공기 중에 있는 먼지나 세균을 걸러 주는 역할을 해요.

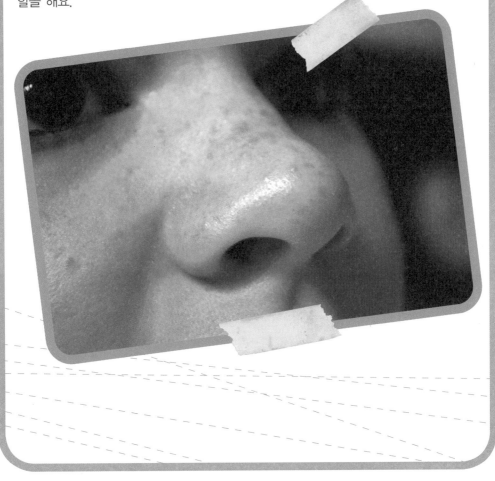

콧물은 어떤 일을 하나요?

보통 감기에 걸리면 콧물이 줄줄 흘러내려요. 감기는 세균이 코나 목을 통해 몸속으로 들어와서 생기는 질병이에요. 이렇게 들어온 세균이 코 속에 붙으면 그 부분이 빨갛게 부어오르지요. 이때 이 부분의 점막에서 콧물이 흘러나온답니다. 이 콧물 속에는 우리 피의 성분 중 일부인 백혈구와 혈장이 섞여 있는데, 이것들은 우리 몸에 들어온 나쁜 세균을 막아 내고 죽은 것이지요. 그런데 감기에 걸리면 왜 냄새를 잘 못 맡을까요? 냄새 맡는 후각 신경의 세포 돌기가 세균 때문에 부어올라서 약해지기 때문이에요.

감기에 걸려
흘리는 콧물은
우리 몸이 세균과
싸운 증거예요.

눈물을 흘릴 때 왜 콧물이 같이 나오나요?

　우리의 눈과 코는 서로 연결되어 있어요. 그래서 눈물이 많이 나올 때는 콧물도 함께 나오는 거예요. 잘 느끼지는 못하지만, 우리 눈에서는 계속 눈물이 조금씩 흘러나오고 있어요. 이 눈물은 눈꺼풀이 깜빡이면서 눈 안쪽의 작은 구멍인 눈물길에 모여요. 그런데 눈물길은 코로 연결되어 있어요. 눈물길을 통해 눈물이 콧속으로 들어가 밖으로 흘러나오게 되지요. 그래서 사람들이 펑펑 울면 눈물이 눈물길을 통해 콧속으로도 들어가 눈물, 콧물이 함께 나오는 거예요.

눈물을 흘리면 콧물도 같이 흘러 나와요.

식신 선발 대회

어린이 식신 선발 대회

2주 동안 전국의 먹보들이 치열한 예선전을 걸친 끝에, 오늘 대망의 결승전이 펼쳐집니다.

와~ 와~

오만식 왕먹보 파이팅!

다 먹어치워라 이재민!

와~ 와~

자, 왼쪽엔 달래초등학교 대표 오만식 어린이!

와~ 와~

우

오른쪽엔 마늘초등학교 대표 이재민 어린이!

와~ 와~

에~

첫 번째 과제 시작합니다. 도전자는 앞에 놓인 두 물컵 중에서 설탕을 탄 것을 골라 주세요. 자, 시작!

벌컥 벌컥

벌컥 벌컥

?

아리송

쩝

26

오만식 어린이에 이어 이재민 어린이가 물맛을 봅니다.

할짝 할짝
할짝 할짝

자, 설탕 탄 물컵은 어느 것일까요? 들어 주세요. 하나 둘 셋!

번 쩍

이재민 어린이는 오른쪽 물컵을 들었는데, 오만식 어린이는 아무 컵도 들지 않았습니다. 각각 그 이유를 물어 보겠습니다.

두 물컵의 물 모두 단맛이 나지 않았어요. 설탕을 탄 물은 없습니다.

전 혀끝에 정신을 집중해서 맛보았어요. 그 결과 오른쪽 물컵의 물에서 아주 약한 단맛이 났습니다.

정답은 오른쪽 물컵입니다. 이재민 어린이 먼저 1승을 거둡니다. 혀끝이 단맛을 느끼는 부분인 걸 정확히 알고 있군요.

우~, 분하다!
에야디야~, 얼쑤 좋다!

다음은 앞에 놓인 레몬과 건빵을 먼저 먹는 사람이 이기는 게임입니다. 자, 시작~!

우아, 오만식 어린이 무서운 속도로 건빵을 먹어치우고 있습니다.
와구 와구

이재민 어린이는 건빵과 레몬을 번갈아 먹고 있군요. 저렇게 느려서 오만식 어린이를 이길 수 있을까요?
꺄직 꺄직

27

오만식 어린이 건빵을 넘기지 못하고 괴로워하고 있습니다. 입안에 마른 건빵이 가득합니다.

물, 물~

반면 이재민 어린이는 레몬과 건빵을 차분하게 다 먹어 가고 있습니다.

다 먹었습니다.

탈탈

탈탈

아주 쉽게 게임에서 이겼는데요, 비결이 무엇인가요?

건빵을 먹으면 바싹 마른 건빵이 침을 흡수해서 입안이 말라 버리죠. 침은 음식을 걸쭉하게 만들어 먹기 쉽게 만들어 주는데, 입안이 마르면 더 이상 건빵을 먹지 못하게 됩니다.

아하, 그래서 레몬을?

네! 레몬처럼 신 음식은 입에서 침이 나오게 하죠. 그래서 입안에 침이 마르지 않아 건빵을 잘 먹을 수 있었죠. 하하하!

오, 우리가 음식을 먹을 때 입안에서 일어나는 일을 정확히 알고 게임을 풀어 나갔군요. 대단합니다.

한 가지 덧붙이자면, 신맛을 느끼는 혀의 좌우 부위에 씹은 건빵을 얹어서 레몬의 신맛이 약해지도록 조절했습니다.

놀랍군요. 진정한 식신이 탄생했습니다.

그런데 상품은 무엇인가요?

지금 먹었잖아요.

지금 먹은 건빵과 레몬이 상품이라고요? 아, 이런 법이 어디 있어요? 장난 치지 말고 어서 상품 내놔요.

버둥 버둥

입은 음식물이 만나는 첫 번째 소화 기관!

입안은 다른 말로 '구강'이라고 불러요. 입에서 목구멍에 이르는 공간으로, 음식물을 섭취하고 소화하는 기관이지요. 입안에는 이와 혀, 침샘이 있답니다. 이러한 입은 우리 몸의 소화 기관 중의 첫 번째 관문이에요. 음식물이 입에 들어가면 입의 벽과 혀 밑에 있는 여러 침샘에서 침이 분비돼 음식물을 부드럽게 하거나 삼키기 쉽게 해 주어요. 그리고 이는 음식물을 잘게 부수고, 혀는 음식의 맛을 느끼게 해 주고 음식물을 목구멍 쪽으로 보내 주는 역할을 하지요. 이런 입안에 음식물을 넣어서 소화를 잘 시키려면 꼭꼭 오래 씹어 먹어야 소화도 잘 된답니다.

우리는 입안에 음식물이 들어오면 먼저 꼭꼭 씹어요.

맛을 느끼는 혀

우리가 말을 할 때 요리조리 움직이며 소리를 잘 내게 해 주는 혀는 우리에게 없어서는 안 될 중요한 부분이에요. 바로 음식을 침과 뒤섞는 일을 하거나 음식을 목구멍 쪽으로 보내는 일도 하기 때문이지요. 하지만 무엇보다도 빼 놓을 수 없는 역할은 음식의 맛을 느끼게 해 주는 거예요. 그렇다면 혀가 맛을 느끼는 것은 무엇 때문일까요? 그것은 바로 혀 표면에 있는 '미뢰' 덕분이에요. 혀의 표면에는 좁쌀 같은 작은 돌기들이 나 있는데, 그 돌기의 거죽을 덮고 있는 끈끈막 속에 미뢰가 있어요. 알갱이 모양의 미뢰 끝에는 '미공'이라는 작은 구멍이 있고, 그 안에 맛세포가 들어 있어요. 바로 이것으로 맛을 느끼는 것이랍니다.

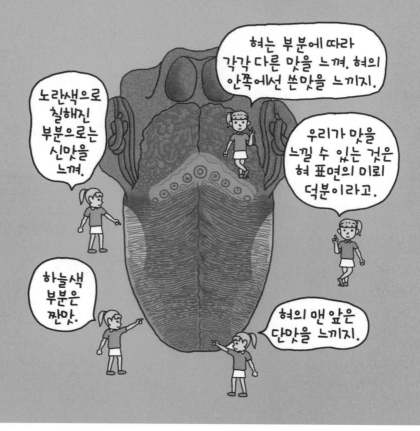

침은 음식물이 소화되도록 도와요

입에서 소화를 시킬 때 가장 중요한 역할을 하는
것이 침이에요. 침은 맛도, 냄새도, 색깔도 없어요. 침
에서 냄새가 나는 경우는 음식물과 함께 섞여서 나는
것이에요. 그런데 침은 어떻게 소화를 시키는 걸까요?
바로 침 속에는 아밀라아제가 들어 있기 때문이에요.
아밀라아제라는 효소는 음식물을 소화시키는 데 도움
을 주지요. 또한 침은 음식을 적셔 부드럽게 하거나 삼
키기 쉽게 해 주고, 음식물을 녹여 맛을 느끼게 해 준답
니다. 이런 침은 침샘에서 나와요. 입술이나 볼, 입천장
등의 점막 속에 있는 작은 샘과 귀밑샘, 혀밑샘, 턱밑샘
이라고 불리는 큰 샘에서 나온 액체가 서로 섞여 침이
되는 거예요. 별 볼 일 없고 간단해 보였던 침이 생각보다
복잡하다는 데 좀 놀랐지요?

침은
음식물을
소화시켜 주는
소화제예요.

여기는
귀밑샘이야.

여기는
턱밑샘.

여기는
혀밑샘.

닭다리 잡고 삐약 삐약

← 강호덕

← 이수돌

네, 무작정 야생 잔혹 게임 버라이어티! 2박3일 시간이 돌아왔습니다.

← 이승희

네, 2박 내내 자는 둥 마는 둥, 3일 내내 죽을 똥 살 똥 하며 게임을 해서 굶든지 말든지 하는 2박3일! 노 피디님, 이번 미션은 뭔가요?

미션을 말씀 드리기 전에. 여러분, 지금 배고프시죠?

← 노 피디

촬영 때문에 일찍 나오느라 아침밥도 못 먹었다고요.

그래서 준비했습니다. 프라이드 치킨, 짜잔!

아악~

그냥 준다는 건 아니에요.

에이, 저럴 줄 알았어. 약올리는 거야, 뭐야?

게임을 해서 문제를 푼 사람에게는 치킨을 드리고.

문제를 못 푼 사람은 굶은란 거겠지, 뭐.

아닙니다. 닭뼈를 드리겠습니다.

차라리 굶으라고 하지, 뼈다귀를 주겠다고? 참나, 어이없어서.

쿵쿵!

언젠 안 그랬냐? 어서 게임하고 이긴 사람 것을 나눠 먹자고.

어서 어떤 게임인지나 말해 주세요.

역시 청소반장 출신 이승희 씨가 현명하시군요. 첫 번째 게임은!

첫 번째 게임은?

코끼리코로 스무 바퀴를 돈 후 여기 있는 종을 치면 먼저 문제를 풀 수 있어요. 자, 그럼 준비!

시작!

빵!

하나! 두울! 세엣! 네엣!

빙글 빙글 빙글

열여덟! 열아홉! 스물!

하늘이 뱅뱅 돈다.

아이고 어지러워.

33

비틀!

비틀!

헛손질! 강호덕 선수, 아깝습니다.

다음으로 이수돌 선수! 성공!

네, 이수돌 선수에게 문제 드리겠습니다.

빙빙 돌다가 멈춰도 계속 도는 것처럼 느끼는 건 우리 몸의 어느 부위 때문일까요?

뇌!

당연히 뇌지. 지금도 머리가 빙빙 도네.

땡! 틀렸습니다. 이제 기회는 이승희 선수.

정답은 귀입니다.

딩동댕! 이번 게임의 승자는 이승희 선수입니다.

못 맞히면 내가 다 먹으려 했는데.

귀는 소리를 듣는 부위잖아요.

귀가 듣는 일만 하진 않아요.

그럼 귀가 뭘 또 한다는 거예요.

정답을 맞힌 이승희 선수가 설명해 주실까요?

저도 몰라요. 그냥 찍은 건데, 헤헤.

후유! 이렇게 무식할 수가. 어서 뒷 페이지를 펼쳐서 뭐라 써 있는지 좀 봐요.

34

소리를 듣는 기관, 귀

우리는 늘 소리를 내고, 소리를 들어요. 그런데 우리는 어떻게 소리를 들을 수 있는 걸까요? 바로 귀를 통해서 듣지요. 소리가 나면 먼저 귓바퀴와 귓구멍을 통해 고막까지 전달이 돼요. 그렇게 들어온 소리는 고막에 부딪히면서 진동이 일어나고, 이 진동은 다시 귀안의 청소골을 진동시켜요. 청소골은 진동을 더 크게 만들어서 속귀까지 전달해요. 이렇게 전달된 큰 진동이 청신경을 통해서 대뇌까지 전달되면 마침내 우리가 물리적으로 소리를 느낄 수 있는 거예요. 더 놀라운 사실은 이렇게 소리가 나서 우리가 그 소리를 듣기까지 걸리는 시간은 100분의 2초 정도밖에 안 걸린다는 거예요.

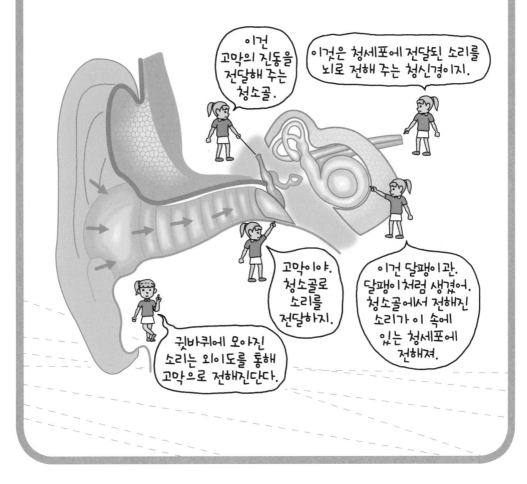

귀는 몸의 균형도 잡아줘요

귀를 통해서 사람들이 소리를 듣는 것은 누구나 아는 사실이지요? 그럼 혹시 귀가 우리 몸의 균형을 잡아 주는 기능을 하는 것도 알고 있나요? 겉보기와 달리 귀안은 매우 복잡한 구조로 되어 있는데, 크게 겉귀, 가운뎃귀, 속귀로 나누어요. 겉귀와 가운뎃귀는 소리를 듣는 기본적인 일을 하지요. 속귀에는 소리를 듣는 것은 물론, 몸의 균형을 잡아 주는 평형 감각을 느끼는 기관이 함께 들어 있답니다. 이 기관은 귀의 가장 안쪽에 위치하며 몸의 방향과 위치 등을 감지하지요. 그래서 귀를 심하게 다치면 어지러움을 느끼고 몸을 똑바로 세우지 못하는 거예요.

평형 감각이
필요한 줄타기

우리가
평형 감각을 유지할 수
있는 것은 귓속의
평형 감각을 느끼는
기관 덕분이에요.

갑자기 높은 곳에 오르면 왜 귀가 먹먹해질까요?

　버스를 타고 갑자기 높은 곳으로 오르거나 비행기를 타거나 갑자기 높은 곳에 올라간 적이 있나요? 이때 높이 올라가면 올라갈수록 귀가 먹먹해지는 경험이 있었지요? 왜 그럴까요? 우리 귀에는 소리를 들을 수 있는 고막이 있어요. 그리고 고막 안쪽으로는 귀관이 있는데, 귀관에는 공기가 들어 있어요. 소리가 고막을 울리면 공기가 떨리면서 소리가 전달되는 거지요. 고막을 중심으로 안쪽을 '중이'라고 하고 바깥쪽을 '외이'라고 해요. 이런 중이와 외이의 기압은 늘 같아야 하는데, 갑자기 높은 곳에 오르면 바깥 공기의 압력이 약해져요. 그러면 중이에 있던 공기의 압력이 순간적으로 높아져 고막이 바깥쪽으로

늘어나요. 그래서 귀가 멍해지는 느낌이 드는 것이랍니다. 이때 입을 크게 벌리거나 침을 삼키면 외이와 중이의 압력이 같아져서 멍한 느낌은 금세 사라진답니다.

비행기를 타고 갑자기 높은 곳으로 가면 귀가 먹먹해지지요.

아름다운 똥

왜 그래?

깨진 유리를 치우다 손을 베었어요.

그런 건 엄마가 할 텐데, 왜 네가 해!

엄마 일을 도와 드리려다….

마음은 고마운데 이렇게 다쳐서 어쩐다니?

손가락 좀 벤 건데요, 뭐.

오른손, 그것도 엄지 손가락을 베었으니, 이제 한동안 엄마가 네 손이 돼 주어야겠구나.

걱정 마세요. 이 정도 갖고 뭘….

글쎄, 그게 그리 간단한 문제가 아닐 텐데.

제일은 제가 알아서 할 테니까 엄만 걱정 마시라니까요.

엄마!

왜?

엄마, 여기 좀.

대체 뭔데 그래?

엄지손가락을 다쳐서 단추를 채울 수가 없어요.

거 봐. 엄마 손이 필요해질 거라 했지?

단추 채우는 건 힘들지만 다른 것은 괜찮을 거예요.

과연 그럴까?

문자 왔데이. 문자 왔데이.

지원니

오늘 선생님이 내 주신 논술 문제 좀 찍어 주삼. 급하니까 빨리. 부탁해용!
지원

콕!
콕!
콕!
콕!

후유, 답답해서 도저히 문자를 못 찍겠네.

여보세요? 지원이니?

미안. 내가 손을 다쳐서 문자를 못 보내겠어.

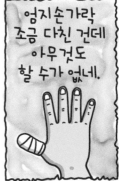

엄지손가락 조금 다친 건데 아무것도 할 수가 없네.

아휴, 또 반찬을 다 흘렸네. 왼손으로 젓가락질 하려니 참 힘드네.

반찬은 엄마가 집어 줄게.

아~

아무것도 스스로 하지 못하니 바보가 된 기분이에요.

우물 우물

모든 손가락이 다 중요하지만 손으로 하는 일 대부분은 엄지손가락이 있어야 가능해. 특히 오른손잡이인 네가 오른손 엄지손가락을 다쳤으니 아무것도 할 수 없지.

엄마, 이번엔 계란말이 좀 집어 주세요.

아~ 해.

엄마!

엄마, 여기 좀요.

왼손이 익숙지 않아서 잘 닦을 수가 없어요.

엄마, 죄송해요.

죄송하긴. 난 오히려 우리 현아가 아기일 때 생각이 나서 재미있는걸.

40

정교한 감각이 발달한 손!

인간은 손을 이용해서 많은 일을 할 수 있어요. 음악을 하는 사람들은 피아노나 기타같이 손을 쓰는 악기를 통해 사람의 귀를 즐겁게 하지요. 엄마들은 아이들에게 맛있는 음식을 만들어 주는 등 여러 가지를 만들고 만지며 많은 일을 한답니다. 이렇듯 인간의 손은 다른 동물들의 손과는 비교가 안 될 정도로 감각이 발달했어요. 인간의 손과 가장 비슷한 원숭이의 손도 사람의 손처럼 세밀한 움직임은 불가능하답니다.

사람의 손가락 중에서 가장 중요한 건 엄지손가락이에요. 다른 동물들과 달리 엄지손가락이 훨씬 발달했거든요. 가장 힘이 센 이 엄지손가락이 있어서 나머지 네 개의 손가락들과 함께 여러 가지 복잡한 일들을 할 수 있답니다. 이렇게 세밀한 움직임을 할 수 있는 손 덕분에 인간의 뇌가 다른 동물보다 발달한 것이지요.

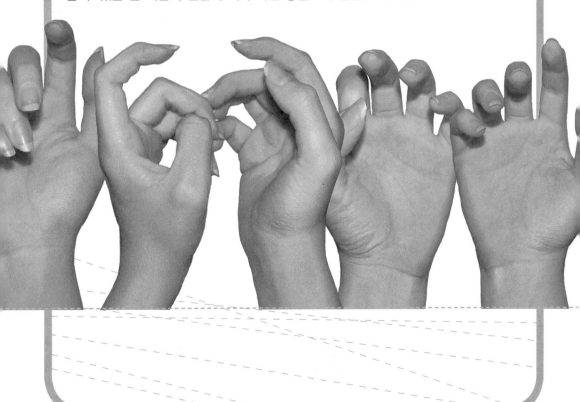

손가락에는 왜 지문이 있을까요?

사람들의 손가락을 자세히 들여다보면 거미줄같이 생긴 지문이 있어요. 그런데 지문은 왜 있는 걸까요? 만약 우리 손에 지문이 없이 매끄러운 상태라고 상상해 봐요. 그렇다면 물건을 꼭 잡거나 잡아당기기 어려울지도 몰라요. 지문이 있기 때문에 마찰력이 생기고 잘 미끄러지지 않지요.

그런데 지문이 사람들에게만 있는 것은 아니에요. 고릴라나 침팬지 그리고 원숭이같이 손으로 물건을 잡는 동물들에게도 있답니다. 지문은 인간의 조상이 나무 위에서 생활하던 때부터 생겨났을 거라고 말하는 사람들도 있어요. 그런데 사람마다 지문은 다 달라요. 똑같이 생긴 쌍둥이라도 지문은 다르지요. 그래서 범죄를 수사하는 데 쓰인답니다.

한편 지문은 크게 활 모양, 말굽 모양 그리고 소용돌이 모양으로 나누기도 해요.

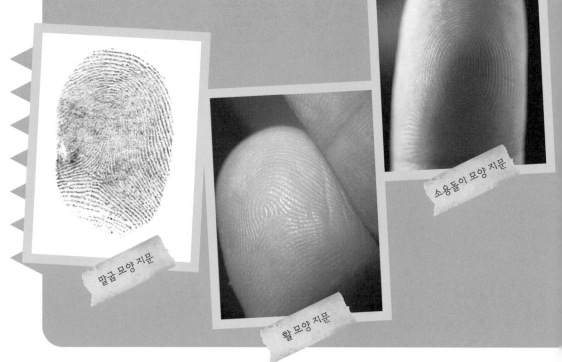

소용돌이 모양 지문

말굽 모양 지문

활 모양 지문

42

시각 장애인들은 검지로 책을 읽어요

　시각 장애인들이 점자로 된 책을 읽는 것을 본 적이 있나요? 시각 장애인들은 손가락으로 종이에 올록볼록한 점으로 만들어진 글자들을 만져서 어떤 글자인지 읽어 나가지요. 그렇게 할 수 있는 이유는 손가락에 아주 예민한 것까지 느낄 수 있는 특별한 장치가 숨어 있기 때문이에요. '파치니소체'라는 압력을 느끼는 장치지요. 이 장치는 특히 검지에 많이 퍼져 있어요. 그래서 시각 장애인들은 점자책을 읽을 때 주로 검지를 사용한답니다.

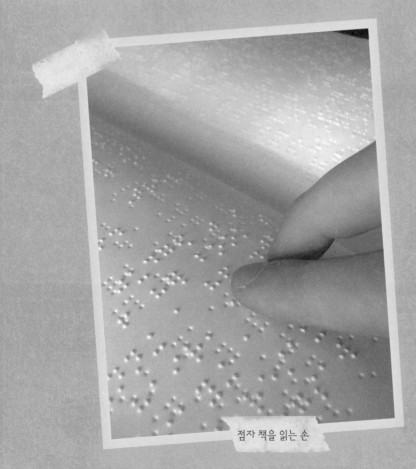

점자 책을 읽는 손

신데렐라 컴플렉스

할 수 없네.

헐, 무슨 아가씨가 저렇게 빨라?

저 아가씨를 어떻게 찾지?

그래, 이 구두가 발에 맞는 아가씨를 찾으면 되겠군.

신데렐라가 계모와 언니들에게 구박받으며 사는 집.

에휴~

신데렐라가 자는 헛간.

에휴~

마법 할멈

무도회는 즐거웠는데 시간이 아주 짧아서 아쉬워요. 게다가 유리 구두도 잃어버리고….

그렇게 아쉬워하지 마. 아주 오래도록 즐겁고 행복할 시간들이 올 테니까.

날마다 계모와 언니들에게 구박이나 받는 게 무슨 즐거운 일이 있겠어요.

잃어버린 유리구두가 네게 커다란 행운을 가져올 거야.

잃어버린 구두 한 짝을 찾기만 해도 제겐 행운이에요.

찾기는커녕 나머지 한 짝마저 잃어버리게 될 거야.

그게 무슨 행운이에요. 절 놀리시는 거죠?

어서 자. 내일이 되면 다 알게 될 테니까.

다음 날 아침.

왕자님 행차시다! 모두들 밖으로 나오거라!

무슨 일로 아침부터 성가시게 이런대?

어제 무도회에서 내 맘에 쏙 든 아가씨가 신던 구두다. 발이 이 구두에 맞는 여자를 내 아내로 삼을 거다.

얘가 아마 왕자님이 찾으시는 아가씨일 거예요.

발이 너무 크군. 탈락!

그 구두는 제 구두예요.

딱!

그래? 그럼 신어 보거라.

이 아가씨는 발이 너무 작군. 탈락!

헐렁 헐렁

어, 이상하다! 분명 내 건데 구두가 늘어났나?

키키키, 쌤통이다.

제가 신어 보겠어요.

발이 꼭 맞군. 합격!

만세!

아싸!

우린 왕자님을 따라가서 궁전에서 살 테니까, 넌 이 집에서 살아라.

거봐, 내가 큰 행운이 온다고 했지. 이제 이 집은 네 거야.

그런데 왠지 그리 기쁘진 않아요. 도대체 어떻게 유리구두가 커진 걸까요?

구두가 커진 게 아니고, 네 발이 작아진 거야. 하루 종일 서 있다 보면 피가 아래로 몰려 발이 커지는데, 밤에 누워 자면 자연 다시 발이 작아지지. 그러니 어젯밤에는 맞던 구두가 오늘 아침엔 안 맞을 수밖에. 어쨌든 넌 내 덕에 땡잡은 거야, 호호호.

저녁때가 되면 왜 발이 부을까요?

아침에는 꼭 맞았던 신발이 밤이 되면 꽉 끼어서 작게 느껴진 적이 있지요? 모두들 이런 경험을 해 봤을 거예요. 왜 그럴까요? 우리 몸 구석구석에는 쉬지 않고 피가 흐르고 있어요. 피는 액체이기 때문에 하루 종일 서 있거나 앉아 있으면 몸 아래 쪽으로 모이기 마련이지요. 이렇게 피가 발 쪽으로 많이 몰리기 때문에 저녁이 되면 발이 붓지요. 그래서 신발이 작아진 것처럼 느껴지지요. 하지만 중간 중간 짬을 내서 운동을 하면 그만큼 피가 잘 흐르기 때문에 발이 많이 붓지는 않는답니다.

무좀은 어떻게 생기는 걸까요?

여러분은 혹시 발에 무좀이 있나요? 발에 무좀이 생기면 고약한 냄새가 나고 짓무르거나 껍질이 벗겨지기도 한답니다. 무좀은 곰팡이가 원인이 되어 발에 생기는 피부병이에요. 하루 종일 발이 답답하고 공기가 잘 통하지 않은 신발 속에 있으면, 어둡고 습기가 차서 곰팡이가 생기기 쉬워요. 그렇게 생겨난 곰팡이들이 발가락 사이부터 시작해 발로 퍼져 냄새도 고약해지는 거예요. 따라서 무좀에 걸리지 않으려면 발을 깨끗하게 씻고 건조한 상태를 유지하는 게 좋아요. 무좀은 전염이 되는 병이니 무좀 있는 사람들과 같은 슬리퍼를 사용하지 않는 게 좋겠죠?

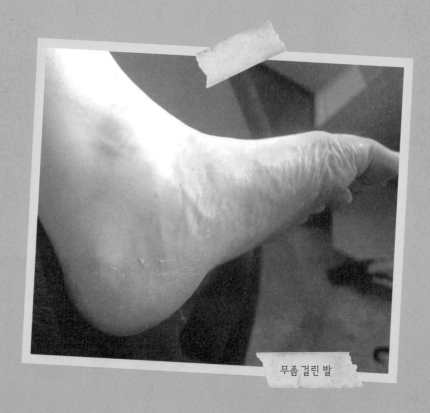

무좀걸린 발

우리 몸을 지탱해 주는 발

우리 몸의 맨 밑에서 전체 몸무게를 지탱하고 있는 발. 사람의 발은 모두 26개의 뼈로 이루어져 있어요. 그리고 발바닥 한가운데는 움푹 들어간 아치 모양이에요. 발 모양이 이렇게 생긴 것은 몸 전체의 무게를 잘 견디게 하게 위해서예요. 하지만 발바닥이 평평한 사람들도 있어요. 발바닥이 평평한 발을 마당발 혹은 평발, 편평족이라고 해요. 이렇게 마당발인 사람들은 조금만 걷거나 오래 서 있으면 금방 아프고 피로감을 느낀답니다. 마당발은 주로 운동을 자주 하지 않는 어린이들에게 많대요. 그러니 마당발이 되지 않으려면 어려서부터 꾸준히 운동하는 게 좋겠지요?

평발

닭다리야, 안녕!

누나는 다이어트 좀 해야 해요. 뽈살이 어휴~!

저게 진짜!

부르르

초등학생이 무슨 다이어트야. 어서 와서 먹어.

안 먹는다니까요!

도대체 저 녀석 왜 저래?

쿵쾅쿵쾅

수지의 방.

아야야!

욱신

엄마한테 이가 아프다고 했다간 당장 치과 가자고 하겠지. 맛있는 치킨도 못 먹고 이게 뭐람.

다음 날, 학교.

왁자지껄

시무룩

쿵쾅쿵쾅

ㅋㅋ

너 거기 안서!

수지야, 이거 먹어.

난 됐어.

이건 이몸이 먹어 주지. 얜 사탕 물고 있잖아.

엄!

ㅋㅋㅋ~

야, 박철호! 너 죽어!

으 당탕 쿵탕

51

에고고고, 배고파 죽겠다.

수지야, 정신 차려!

얘들아, 수지 양호실로 데려가자.

호호호, 이가 아파서 이틀 동안 굶었다고?

양호실

치과가 그렇게 무서워?

예~.

내가 보니 심하게 썩은 건 아니니 이를 뽑거나 하진 않을 거 같구나. 걱정 말고 부모님께 말씀 드리렴.

선생님, 치과에 가지 않고 나을 순 없을까요?

썩어 가는 걸 그냥 두었다가는 나중엔 이를 뽑아야 해.

그래도 치과는 가기 싫어요.

너 평생 맛있는 것도 못 먹고 살래?

그리고 제때 치료하지 않으면 주변 이들까지 망가져서 나중엔 할머니처럼 틀니를 해야 할 거야.

다른 이까지 모두 망가져서 할머니처럼 된다고요?

자, 어쩔래? 치과를 갈래, 말래?

후유, 이럴 줄 알았으면 평소에 이를 잘 닦을걸….

음식을 잘게 부수는 믹서기, 이!

음식물을 잘 소화시키려면 먼저 음식물을 씹어서 잘게 부숴야 해요. 이렇게 입안에서 믹서같이 음식물을 잘게 부수는 역할을 하는 것이 이예요. 그림에서 볼 수 있듯이, 이는 이골무(치관)와 이뿌리(치근)로 나눠져요. 이골무의 겉은 에나멜로 싸여 있는데, 에나멜은 우리 몸에서 가장 강한 물질로, 이 안쪽에 있는 상아질을 보호해 주지요. 상아질은 이에서 가장 중요한 부분이에요. 왜냐하면 상아질 속에는 잇속(치수)이 있거든요. 여기에는 신경과 혈관이 연결되어 있는데 혈관은 이에 영양분을 날라 주는 역할을 하고, 신경은 이의 감각을 느끼도록 해 주어요. 만약 신경과 혈관이 없다면 우리는 늘 이가 아프거나 어떤 감각도 못 느끼게 될 거예요.

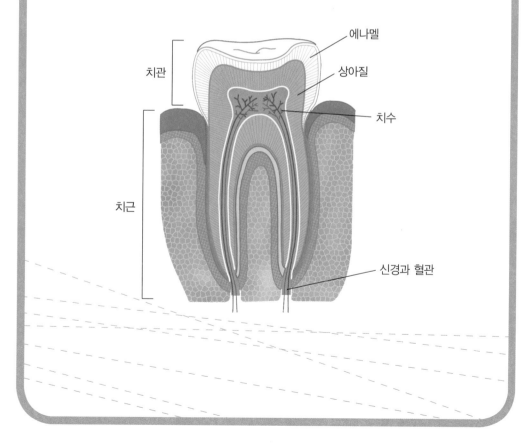

이는 각각 어떤 역할을 할까요?

이는 각각 생김새와 하는 일이 달라요. 어른의 경우 보통 32개의 이를 가지고 있는데, 크게 5가지로 나눌 수 있답니다. 그림을 보며 각각 치아가 하는 일에 대해서 좀 더 자세히 알아볼까요?

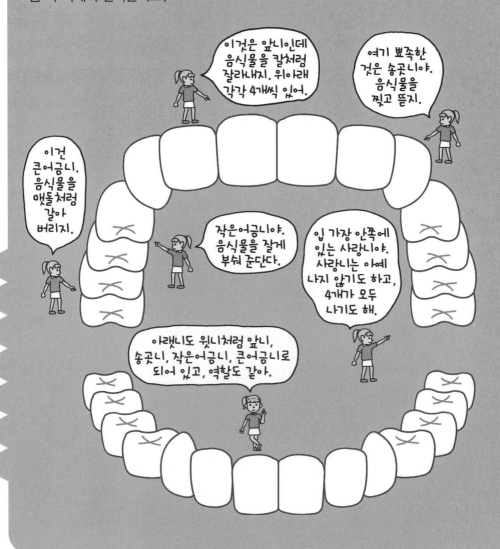

이는 어떤 과정을 거쳐 썩나요?

충치 때문에 치과에 가서 치료 받아 본 적이 다들 한 번쯤은 있지요? 충치를 예방하기 위해선 적어도 하루에 세 번 양치를 하는 것이 좋아요. 하루 3번, 식사 후 3분 이내에 적어도 3분 이상 양치질을 하는 거죠. 333 법칙을 꼭 기억하세요. 이가 어떻게 썩는지 그림을 보면서 알아보아요.

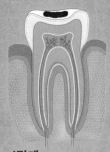

1단계
초기 단계로, 이의 씹는 면이나
안쪽 면에 검은 점이나
선이 보여요.

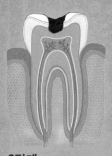

2단계
상아질이 썩는 단계로, 차거나 뜨거운 것에
통증을 느껴요. 되도록 빨리 치료를
하는 것이 좋아요.

3단계
신경 조직이 손상된 단계로,
뜨거운 것에 심한 통증을 느껴요.
신경 치료를 해야 해요.

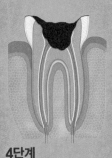

4단계
염증이 뼛속으로 진행된 단계로, 신경이 썩고
고름이 생겨요. 통증이 매우 심해 치료하기
위해서는 이를 뽑아야 해요.

방어막을 뚫어라!

후유, 십 년 감수했네.

거 봐. 잘 안 씻게 생겼다고 그랬잖아.

이제 몸속으로 들어가서 이 녀석을 아프게 만들자.

콕! 콕! 콕!

어, 이거 뚫고 들어갈 수가 없잖아.

코가 구부러졌어.

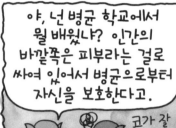

야, 넌 병균 학교에서 뭘 배웠냐? 인간의 바깥쪽은 피부라는 걸로 싸여 있어서 병균으로부터 자신을 보호한다고.

코가 잘 안 펴져!

야, 몸속으로 들어가지 못하면 이 녀석을 병들게 하지 못하잖아.

워워, 조금만 기다리라고.

무슨 뾰족한 수라도 있는 거야?

이 녀석이 손을 안 씻고 뭔가를 집어 먹으면 그 때 몸속으로 들어가면 돼.

진작 말하지. 이 코는 어쩔 거야?

오! 좋은 생각이야. 피부가 열리는 곳을 통해 들어가면 되겠군. 어서 손으로 집어 먹어라.

우아, 과자다. 맛있겠다.

옳지, 어서 손으로 집어 먹어.

덥썩!

좋아! 고고고!

탁!

택원이 너, 화장실 갔다 와서 손 씻었어?

아이참, 내 손 깨끗하다고요.

아, 조금만 더 갔으면 몸속으로 들어갈 수 있었는데…

이제 어쩌지?

피부가 빈틈없이 몸을 보호하고 있어서 뚫고 들어갈 수가 없네.

근데 너 무릎은 왜 그래?

별거 아니에요. 좀 긁힌 거예요.

야호, 이게 웬 떡이야. 저 상처로 들어가자.

피부에 상처가 나면 우리들이 들어간다, 캬캬캬!

이 녀석을 아프게 만들자!

이 녀석 몸에 병균을 퍼뜨리자!

더러운 손으로 상처를 만지면 어떡해! 소독약 바르자.

아이고, 병균 죽네.

으악, 몸이 타들어 간다.

58

우리 몸을 보호해 주는 망토, 피부

우리 몸은 전체적으로 피부로 덮여 있어요. 피부는 여러 층으로 이루어져 있고요. 겉에서부터 겉가죽인 표피, 속가죽인 진피, 살갗 밑의 조직인 피하조직으로 나뉘어 있지요. 이렇게 겹겹이 싸인 피부는 어떤 역할을 할까요? 피부의 가장 중요한 역할은 근육이나 우리 몸의 기관을 보호해 주는 거예요. 또 피부를 통해 우리는 더위, 추위, 아픔, 가려움 등을 느껴요. 이런 감각을 피부가 느끼지 못한다면 우리는 외부 세계로부터 우리를 보호하기 정말 힘들었을 거예요. 또 있어요. 피부는 체온을 조절해 주는 역할을 해요. 우리 몸의 체온이 올라가면 땀을 배출해 체온을 떨어뜨리지요. 이렇게 땀을 흘리면서 우리는 몸에서 생긴 찌꺼기들을 땀과 함께 밖으로 내보내기도 한답니다.

피부는 우리 몸을 보호하는 역할을 해요.

피부는 어떻게 감각을 느낄 수 있나요?

갑자기 우리 피부에 얼음이 닿으면 차가움을 느끼고 소름이 돋아요. 또, 날카로운 것에 찔리면 아픔을 느끼지요. 그렇다면 피부는 이런 느낌을 어떻게 느끼는 걸까요? 우리 피부는 크게 네 가지 느낌을 알 수 있어요. 아프고, 차갑고, 뜨겁고, 눌리는 것을 느끼지요. 그 이유는 피부에 아픔을 느끼는 통점, 물체에 닿는 것을 느끼는 압점, 따뜻한 것을 느끼는 온점, 차가운 것을 느끼는 냉점이 있기 때문이에요. 우리 살갗에 고루 흩어져 있는 이것들을 통해 외부의 자극을 감지해서 신경을 통해 뇌에 전달되고, 우리는 여러 가지 감각을 느끼는 것이지요.

피부는 무엇으로 이루어져 있을까요?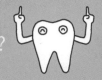

우리 몸을 외부의 자극으로부터 보호하고 있는 피부. 그런데 피부는 무엇으로 이루어져 있을까요? 피부의 일부는 케라틴으로 이루어져 있어요. 케라틴은 우리 몸에 이물질이 스며드는 것을 막아 주어요. 그런가 하면 피부는 또 유연한 섬유질로 이루어져 있어 탄력이 있어요. 또 키가 자라는 것처럼 피부도 자라요. 그래야 우리 몸을 감쌀 수 있겠지요? 피부는 매일 끊임없이 없어지고 다시 만들어져요. 피부 바깥쪽 얇은 부분들이 매일 조금씩 죽어서 떨어져 나가면, 안쪽에 있는 새 피부가 그 자리에 들어선답니다.

멜라닌 색소가 피부색을 결정해요

인류는 피부색에 따라 크게 황인종, 백인종, 흑인종으로 나뉘어요. 그런데 이렇게 피부색에 차이가 나는 것은 바로 우리 피부 깊숙한 곳에 자리 잡고 있는 세포층 안에 들어 있는 '멜라닌 색소' 때문이에요. 검은색의 멜라닌은 자외선을 흡수해 자외선이 피부 깊숙이 침투하는 것을 막아 주고, 세포에게 해를 입히는 유해산소나 유리기를 제거해서 피부를 건강하게 유지시켜 주지요. 그런데 멜라닌 색소는 사람마다 다르게 분포되어 있어요. 사람에 따라 많기도 하고 적기도 하지요. 멜라닌 색소가 많으면 흑인종, 적으면 백인종, 중간이면 황인종이 되는 것이랍니다.

백인종

황인종

멜라닌 색소의
많고 적음에 따라
피부색이 달라요!

흑인종

61

쓰러지는 나를 내버려두지 마!

우리초등학교 오후 1시.

조용! 다들 자리에 앉아!

여러분, 오늘 미술 시간에는 찰흙으로 서 있는 사람을 만들어 보도록 해요.

여자를 만드나요, 남자를 만드나요?

벌떡

자기가 만들고 싶은 걸 만들어요.

남자는 안 만들었으면 좋겠어요.

왜?

부끄러워서요.

비비적

비비적

뭐가 부끄러워?

고추를 달아야 하잖아요.

엉거 주춤

크크크!

깔깔깔!

히히히!

명철이는 자기 고추가 부끄러운가 보구나?

큭

아, 아니 그게 아니라, 여자아이들이 장난칠까 봐서….

우리의 소중한 몸을 갖고 장난치려는 나쁜 어린이가 우리 반에 있나요?

아니요!

자, 됐지. 이제 걱정 말고 만들어 봐.

네!

앰앰앰~

앰앰앰~

저기요, 선생님!!

어, 그래. 왜?

선생님, 저 도저히 못 만들겠어요.

저도요!

저도요!

저도요!

저도요!

아, 왜?

진흙이 자꾸 무너져서 서 있는 모양이 안 돼요.

안 돼요!

선생님이 진흙 말고 또 뭐 가져 오라고 그랬지?

철사요.

우리 몸의 모양을 유지시켜 주는 것이 무엇일까?

근육이요.

근육보다 속에 더 단단한 게 있는데…

아! 뼈예요. 그러니까 이 철사가?

딩동댕! 바로 뼈대를 만들라는 말씀!

우리 몸이 뼈로 지탱되듯이 찰흙 속에 철사로 뼈를 만들어 넣으면 무너지지 않고 서 있을 수 있겠구나!

자, 이제 알았으면 우리 몸의 뼈를 생각하며 뼈대를 만들어 거기에 찰흙을 붙여 보세요.

선생님 볼록 나온 배에 뼈가 없어서 자꾸 무너져요.

다이어트를 좀 시키면 어떻겠니?

어휴~, 저 녀석 끝까지 장난이네.

64

우리 몸을 지탱해 주는 뼈!

해파리나 문어 같은 사람의 모습을 상상해 본 일이 있나요? 만약 우리 몸을 떠받쳐 주는 뼈가 없다면 그런 모습이 되었을지도 몰라요. 이처럼 우리 몸을 지탱해 주고, 우리 몸의 틀을 만들어 주는 게 바로 뼈랍니다. 특별히 우리 몸을 이루고 있는 뼈의 모양새를 골격(뼈대)이라고 불러요.

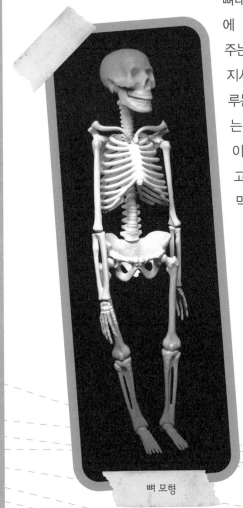

뼈 모형

뼈대는 크게 다섯 부분으로 나뉘는데, 그 위치에 따라 부르는 이름이 달라요. 몸을 지탱해 주는 중심축인 등심대(척추), 머리의 모양을 유지시켜 주는 머리뼈(두개골), 가슴 부분을 이루는 갈비뼈, 팔을 이루는 팔뼈, 다리를 이루는 다리뼈가 대표 주자예요. 그런데 뼈끼리 이어지는 부분(관절)에는 물렁뼈인 연골이 있고, 뼈들의 겉에는 노란 빛의 얇지만 튼튼한 막이 씌워져 있어서 뼈를 보호해 주어요.

왜 어른보다 어린이의 뼈 개수가 더 많을까요?

신기하게도 어린이 뼈의 개수가 어른 뼈의 개수보다 많아요. 일곱 살 이하의 어린이들은 약 300개 가까이 되는 뼈를 가지고 있지만, 어른들은 이보다 훨씬 적은 204~206개의 뼈를 가지고 있거든요. 왜 그럴까요? 어렸을 때 가지고 있던 뼈들이 갑자기 사라진 것일까요? 그건 아니에요. 어린이들의 몸에는 연골이라고 부르는 아직 단단하지 않은 뼈로 되어 있는 부분이 있거든요. 이런 뼈들은 점점 커 가면서 두세 개씩 뭉쳐져 하나가 되는 거지요. 그래서 어린이보다 어른 뼈가 100개 가까이나 적은 거예요. 어른들이 "너희는 아직 단단하지 않아서 그래."라고 하신 말씀이 이제 이해되지요?

뼈는 왜 단단할까요?

여기에는 우리가 잘 모르는 비밀이 숨어 있어요. 뼈를 이루고 있는 세포와 세포 사이에는 눈에 보이지 않는 섬유가 많이 있거든요. 이 섬유들 사이에는 칼슘이 많이 저장돼 있어요. 바로 이 칼슘 때문에 뼈는 돌처럼 단단하면서 잘 부서지지도 않는 탄력을 지니게 된 것이지요. 왜 칼슘이 들어 있는 음식을 많이 먹어야 하는지 이제 알겠지요?

왜 엑스레이를 찍으면 뼈만 나타나는 걸까요?

우리 몸은 단단한 뼈와 부드러운 살갗, 물렁물렁한 근육 등으로 구성되어 있어요. 뼈와 살갗이나 근육 등은 구성 성분이 각기 달라요. 그래서 뼈와 살갗이나 근육 등은 엑스선을 통과시키거나 흡수하거나 반사시키는 정도가 달라요. 뼈는 엑스선을 통과시키지 못하고 살갗이나 근육 등은 비교적 잘 통과시켜요. 그래서 병원에서 엑스레이를 찍으면 엑스레이가 통과하지 못하는 뼈 부분은 하얗게 나타나요. 몸속의 뼈가 뚜렷하게 드러나 보이는 엑스레이 사진은 이런 원리로 찍는 것이지요.

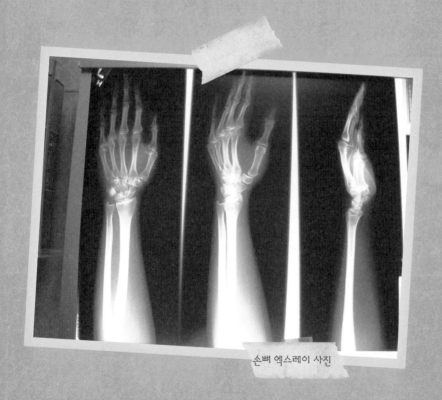

손뼈 엑스레이 사진

투피엠이 되는 그 날까지

에휴~

후유~

야, 잠 좀 자자. 도대체 왜 그래?

벌떡

이유를 얘기하면 형이 해결해 줄 거야?

그럼 짜샤! 형을 믿으라고.

좀 놓고 말하지.

내 짝 소라가 말이야, 투피엠 알통이 어쩌구 저쩌구….

푸하하하! 근육이 문제라고?

씨, 해결도 못 해 줄 거면서 웃지 말라고.

너도 투피엠처럼 근육질 몸을 만들어 소라에게 잘 보이고 싶다 이거지?

누가 잘 보이고 싶대? 내게 너무 무관심해서 속상하단 거지.

뭐 그게 그거지. 암튼 그런 거라면 걱정 말라고. 이거 좀 봐.

우아! 형 도대체 팔에 뭔 짓을 한 거야?

불끈

대단해. 마치 커다란 달걀이 들어 있는 것 같아.

69

달리 알통이겠어? 흠, 이 정도면 투피엠 부럽지 않지?

형은 저런데 난 이 모양이니, 후유!

똥배 ←

쯧쯧, 그러게 나처럼 틈틈이 운동 좀 하지! 맨날 의자에 앉아 컴퓨터 게임만 하니까 그렇잖아.

형, 나한테도 알통 만드는 비법을 가르쳐 주라.

대롱 대롱~

좋아. 대신 내가 시키는 대로 해야만 한다!

알았어. 투피엠 형들처럼 멋진 모습만 될 수 있다면.

다음 날 아침.

헉헉!

헉헉!

컥컥!

아, 형! 언제까지 이렇게 뛰어야 해? 알통 만드는 비법은 언제 가르쳐 줄 거냐고?

기초 체력이 있어야 근육이든 뭐든 만들 거 아냐. 조금만 더 뛰라고.

헉헉헉, 힘들다고 여기서 멈출 수는 없어.

대박!

이히히히~

소라가 좋아하는 사람이 되고 말겠어.

650개나 되는 우리 몸의 근육!

우리 몸에 붙은 각각의 근육들은 저마다 하는 일이 달라요. 예를 들면, 이두근은 우리가 팔을 접고 펼 수 있게 해 주고 복근은 배에 힘을 줄 수 있게 해 주지요. 우리 몸의 이런 근육들은 약 200가지가 있고, 이런 근육들을 모두 더하면 650개쯤 된다고 해요. 그렇다면 근육은 어떻게 움직이는 걸까요? 근육을 움직이는 것은 뇌가 하는 일이에요. 우리가 움직일 때마다 각각의 근육들은 뇌의 명령을 받아 움직이는 거지요. 또 근육이 오므라들면 근육의 길이가 짧아지면서 굵어져요. 이렇게 팔꿈치를 구부려 생기는 알통은 오므라든 근육이에요.

근육이 이렇게 오므라들어 불룩 나온 부분을 알통이라고 해요.

운동을 하면 왜 근육이 쑤시고 아플까요?

오랜만에 운동을 신 나게 하고 난 다음 날, 몸 여기저기가 콕콕 쑤시고 아팠던 경험이 있지요? 이건 상처를 입어서 아픈 것과는 달라요. 바로 근육이 아픈 것이기 때문이죠. 이처럼 근육이 쑤시고 아픈 것은 근육 속에 아픔을 일으키는 물질들이 뭉쳐 있기 때문이에요. 이산화탄소, 젖산 그리고 노폐물이 쌓여 근육을 아프게 만드는 거예요. 또 근육 속에 산소가 부족해도 아프게 느껴져요. 이럴 땐 충분한 휴식과 목욕 그리고 마사지를 해서 노폐물을 없애면 아픈 게 훨씬 나아져요. 또 당분이 든 음식을 먹어서 양분을 보충해 주는 것도 근육의 피로를 푸는 방법이에요.

운동하는 사람들

'근육'이 작은 생쥐라고?

근육은 영어로 '머슬(Muscle)'이라고 해요. 근데 이 머슬(Muscle)이라는 단어는 라틴어의 '작은 생쥐'라는 뜻을 가진 '머스큘러스(Musculus)'라는 낱말에서 만들어진 거래요. 왜 그랬을까요? 고대 로마 사람들이 보기엔 우리가 근육을 움직일 때 보이는 모습이 마치 피부 아래로 작은 생쥐가 기어 다니는 것처럼 느껴졌나 봐요. 여러분이 보기에도 팔에 힘을 줄 때 생기는 볼록한 알통이나 종아리의 단단한 근육이 마치 작은 생쥐가 움직이는 것 같나요?

운동을 많이 하면 이렇게 근육이 발달해요.

달리기할 때 도드라져 보이는 다리 근육

12. 피(혈관)

은구슬의 몸속 여행

키루나, 몸에 피가 얼마나 남았어?

35퍼센트! 피가 많이 모자라, 으윽.

조금만 참아. 태양계에서 생명체가 있는 곳은 지구로군.

띠잉!

WARP
슈우우웅~

이곳에서 피를 찾자고.

우리은하 태양계 지구 아시아 대한민국 서울시 마포구 상암동.

저놈이 좋겠군.

마취 광선 발사
번쩍
으악!

지이이잉~
둥실 둥실

피를 뽑기 위해 혈액을 분석해야 하겠군.

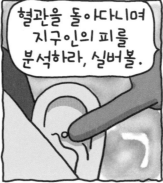
혈관을 돌아다니며 지구인의 피를 분석하라, 실버볼.

실버볼 작전 개시!

젠장, 왜 이렇게 복잡해.

뭐라고? 지구인 한 명의 혈관 길이가 10만 킬로미터나 된다고?

아이고, 머리 아파!

아도치, 빨리 피를 뽑아서 내게 줘.

실버볼, 시간이 없다. 지구인의 피가 수혈 가능한지 어서 분석하라, 실버볼.

알았다. 최대한 서두르겠다. 어, 그런데 저건 뭐지?

빨간 도넛들의 정체는 적혈구다, 삐리비리빅!

음, 저건 산소를 옮겨 주는 적혈구라는군. 지구인의 생명을 유지시키는 기본 요소라네.

오, 너희들이 바로 몸 안으로 들어온 세균을 잡아먹는 백혈구로구나. 난 세균이 아니니 안심하라고.

후유, 하마터면 세균으로 올려 당할 뻔했어.

실버볼, 분석이 끝났나?

분석 결과, 지구인의 피는 통 코인에겐 안 맞는다.

헉헉, 다른 행성을 찾아보자.

생긴 게 징그러워서 기대는 하지 않았어. 이 지구인은 쓰레기통에 버리고 가자.

부우웅~

76

우리 몸 구석구석을 돌아다니는 피!

피는 우리 몸 여기저기 퍼져 있는 혈관 속을 쉬지 않고 돌아다녀요. 돌아다니는 동안 창자에서 얻은 영양분과 허파에서 얻은 산소를 우리 몸 구석구석에 공급하지요. 피는 우리 몸에 필요 없는 노폐물들을 허파와 콩팥으로 보내 몸 밖으로 배출시키기도 해요. 핏속에는 피의 반 이상을 차지하는 혈장이라는 투명한 액체가 있어요. 혈장 안에는 붉은색의 적혈구, 무색의 백혈구, 그리고 혈소판 등이 들어 있는데, 피가 붉게 보이는 이유는 붉은색을 띠는 적혈구 때문이랍니다. 혈장의 주된 성분은 물이지만 약간의 지방과 단백질도 있답니다.

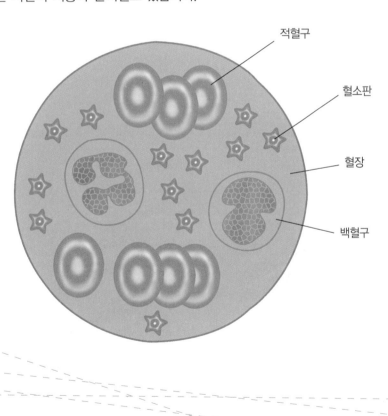

수혈 받을 때는 혈액형이 중요해요

    사람마다 갖고 있는 혈액형이 달라요. MN식, Rh식 등 혈액형을 나누는 기준은 여러 가지가 있지만 우리는 흔히 ABO형을 많이 사용해요. 그러면 A형이면 모두 같은 A형일까요? 그렇지 않아요. A형은 AA형과 AO형으로 나눌 수 있어요. AA형인 사람은 A형의 피만 수혈 받을 수 있지만 AO형을 가진 사람은 O형의 피도 수혈 받을 수 있답니다. B형도 똑같아요. 그럼 AB형은 어떨까요? AB형은 A,B,O형의 모든 피를 수혈 받을 수 있답니다. 반면에 O형은 오직 O형 피만 수혈 받을 수 있어요. 그럼 만약에 실수로 서로 맞지 않는 피를 수혈 받으면 어떻게 될까요? 자신의 혈액형과 맞지 않는 피를 수혈 받으면 목숨을 잃게 된답니다.

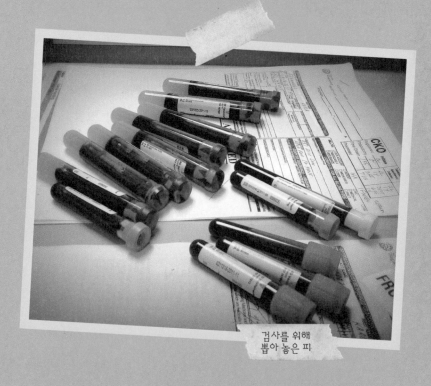

검사를 위해
뽑아 놓은 피

백혈구는 어떻게 세균과 싸울까요?

 혈액을 구성하는 성분 가운데 하나인 백혈구는 우리 몸의 세균을 잡아먹으면서 우리 몸을 보호해 주는 착한 일을 해요. 백혈구는 적혈구보다 조금 크고, 색깔은 없어요. 그런데 어떻게 세균으로부터 우리 몸을 보호하는 걸까요? 백혈구도 평상시에는 적혈구처럼 혈관 속을 돌아다녀요. 그러다가 우리 몸에 세균이 침입하면 여러 백혈구들이 함께 세균이 침입한 곳으로 몰려가요. 그곳에서 세균과 싸워 세균을 물리치는 거지요. 염증이 생겼을 때 나오는 노란 고름이 바로 백혈구가 세균과 싸우다 죽은 것이에요. 그렇다면 백혈구가 많으면 많을수록 좋을까요? 아니에요. 제 기능을 못하는 백혈구가 많아지면 정상적인 백혈구와 적혈구, 혈소판을 만들어 내지 못하게 해요. 바로 백혈병에 걸리면 이렇게 된답니다.

크고 동그랗게 생긴 것이 백혈구예요.

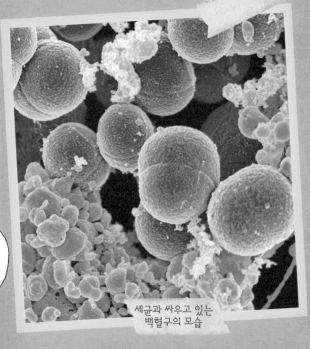

세균과 싸우고 있는
백혈구의 모습

쪼그라드는 풍선

숨을 쉰다는 건 공기를 들이마시고 내쉬는 걸 말해.

이렇게?

ㅋㅋㅋ, 개구리 같다.

볼록

그렇지. 그렇게 공기를 들이마시고 내쉬게 하는 게 폐야. 그런데 들이마시지 않고,

내쉬기만 하면 어떻게 될까?

죽나?

맞아. 공기를 들이마시지 못하면 죽어. 켁켁켁!

어어, 형아! 왜 그래?

으앙! 형 죽지 마! 죽으면 안 돼!

무슨 일이야?

훌쩍훌쩍

큰엄마, 형아가 풍선 불다 죽는대요. 엉엉엉!

너 무슨 엉뚱한 소리를 했기에 얘가 이래?

아야!

퍽

왜 때려요? 전 그냥 폐에 대해서 연우에게 알려 주려고 그런 거라고요.

아따 진짜!!

큰엄마, 형아 때리지 마요. 엉엉엉.

너 한 번만 더 애 울리면 진짜 혼날 줄 알아!

형아, 이제 풍선 불어 주지 않아도 돼.

풍선을 분다고 죽진 않아. 다만 들이마시는 것보다 내쉬는 게 많으니까 산소가 부족해서 좀 어지러워지기는 하지.

그럼 풍선 더 불어 줄 수 있는 거야?

헐~

풍선

문제를 내서 맞히면 풍선을 불어 줄게. 어때?

좋아!

숨을 내쉬고 들이마셔서 산소를 얻는 우리 몸의 기관은 무얼까요?

?

음~.

형이 아까 말했는데….

폐지함

?

파!

땡! 아깝습니다. 잘 생각하고 다시 한 번 말해 주세요.

폐!

딩동댕!

와, 만세!

몸 안에 산소를 공급해 주는 허파!

허파는 호흡기 중에서 가장 중요한 기관이에요. 그래서 갈비뼈와, 가슴뼈, 그리고 등뼈 등으로 잘 에워싸여 있지요. 허파는 좌우에 하나씩 한 쌍으로 이루어져 있어요. 만약 한쪽 허파에 이상이 생겨도 생명은 유지할 수 있도록 말이에요. 허파는 부풀었다 오므라들었다를 반복하며 생명 유지에 필요한 일을 해요. 허파의 각 기관지 끝 부분에는 풍선같이 생긴 허파꽈리들이 포도송이처럼 모여 있어요. 바로 이 허파꽈리에서 허파의 중요한 역할인 '가스 교환'이 이루어져요. 혈액이 가져오는 이산화탄소를 받아들이고, 다시 혈액에 신선한 산소를 공급해 주지요.

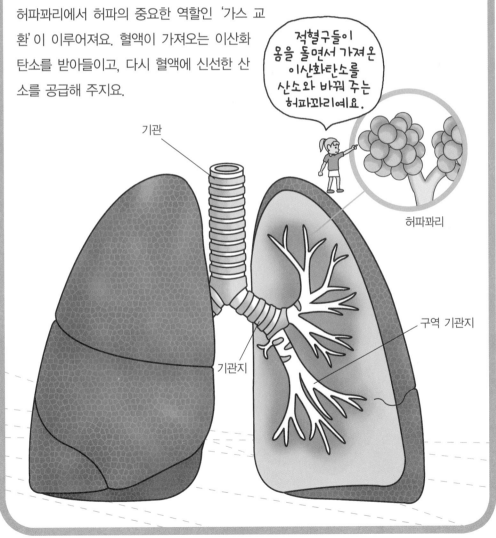

적혈구들이 몸을 돌면서 가져온 이산화탄소를 산소와 바꿔 주는 허파꽈리예요.

기관

허파꽈리

기관지

구역 기관지

우리는 왜 숨을 쉬어야 할까요?

호흡이란 공기 속에 있는 산소를 들이마시고, 몸 속에서 생긴 이산화탄소를 밖으로 내보내는 걸 말해요. 호흡은 우리가 생명을 유지하는 데 꼭 필요한 활동이지요. 호흡을 해서 몸속에 산소를 공급해 주지 않으면 우리 몸을 이루고 있는 많은 세포들은 제 기능을 하지 못하고 죽게 되거든요. 특히 뇌는 산소를 가장 많이 필요로 하는 기관이어서 뇌에 산소가 공급되지 않으면 바로 죽어 버린답니다. 사람들마다 차이는 있지만 보통 2~3분 이상 숨을 쉬지 못하면 대부분 목숨을 잃어요. 동물들도 차이는 있지만 일정 시간 동안 호흡을 하지 못하면 모두 목숨을 잃고 말 거예요.

스스로
숨을 쉬기가
어려울 때는
인공 호흡기를
사용해요.

1분 동안 몇 번이나 호흡을 할까요?

  사람뿐만 아니라 살아 있는 생명은 모두 호흡을 해요. 그런데 과연 우리는 1분에 몇 번이나 호흡을 할까요? 보통 어른들은 15~20회 정도 호흡을 하고, 어린이들은 20~30번 정도 호흡을 해요. 갓난아기들은 훨씬 더 많이 호흡을 하는데, 1분에 30~40번 정도 한답니다. 어린아이일수록 호흡의 횟수가 많은 이유는 한 번에 들이마시는 공기의 양이 어른들보다 적기 때문이에요.

인공 심장

저 녀석은 왜 같이 안 뛰고 만날 저기 앉아 있어?

?

땀 흘리면 죽는 줄 아나 봐. 좀 재수 없지 않냐?

이제 그만!

삐빅 삐빅

이제 편을 나눠 축구 시합을 하자.

휘이익

와 앗

My Ball~*

야, 이리로 패스!

패스! 태클! 마이 볼!

정말 부러워. 나도 쟤들처럼 뛰어놀고 싶어.

야, 우리 저 재수탱이 좀 골려 줄까?

오케이!

맛 좀 봐라, 왕재수야!

뻥

87

슈우욱

꽝

영민아, 영민아!

전 영민이가 심장병이 있는 줄도 모르고….

수술실

영민아, 정신이 드니?

기분이 어떠니? 뭐 불편한 건 없니?

예. 왜요, 무슨 일이 있었나요?

네, 고장난 심장을 인공 심장으로 바꾸어 놓았단다. 불편하지 않다니 수술이 성공적인 모양이구나.

그럼 이제 친구들과 뛰어놀 수도 있나요?

아주 심한 운동은 안 되겠지만, 친구들과 노는 정도는 괜찮을 거야.

감사합니다.

정말 정말.

끊임없이 두근두근 뛰는 심장!

우리 몸에서 심장은 매우 중요한 역할을 해요. 만약 심장이 멈춰 버린다면 우리 몸은 채 10분도 못 버티고 죽을 거예요. 그만큼 중요한 심장은 어떤 일을 할까요? 심장은 폐에서 산소를 잔뜩 머금은 혈액을 받아서 온몸으로 보내는 일을 해요. 또 심장은 몸에서 이미 사용하고 돌아온 혈액을 받아 다시 폐로 보내지요. 그렇게 해서 혈액이 다시 새로운 산소를 가져 오도록 하는 거예요. 그런 일을 하기 위해 심장은 사람이 태어난 직후부터 죽을 때까지 한 번도 쉬지 않고 끊임없이 쿵쿵 뛰어요. 두 개의 심방과 두 개의 심실을 가지고 있는 심장은 이렇게 끊임없이 뛰면서 혈액을 온몸으로 보내 준답니다.

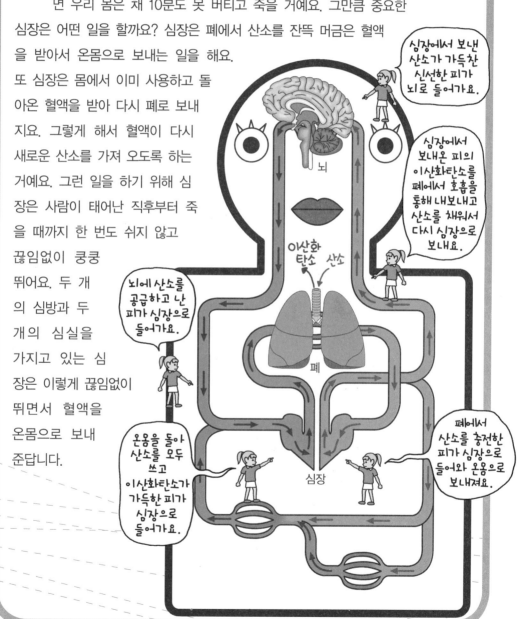

89

혈액은 어떻게 공급될까요?

혈액은 채 1분도 되지 않는 시간 동안 우리의 온몸을 돌아요. 모두 심장이 뿜어내는 힘 덕분이에요. 혈액은 심장에서 뿜어져 나와 먼저 동맥과 소동맥을 통해 우리몸 구석구석으로 가요. 그런 다음, 다시 정맥과 소정맥을 통해 심장으로 돌아오지요. 이때 혈액은 심장의 심방과 심실을 거쳐요. 심장에는 좌심방과 좌심실, 우심방과 우심실이 있어요. 좌심방은 폐에서 오는 산소가 많은 피를 받아들이고, 우심방은 온몸을 돌고 온 이산화탄소가 가득한 피를 받아들여요. 좌심실은 좌심방에서 들어온 혈액을 대동맥으로 보내는 반면, 우심실은 우심방에서 들어온 혈액을 폐로 보내 주지요.

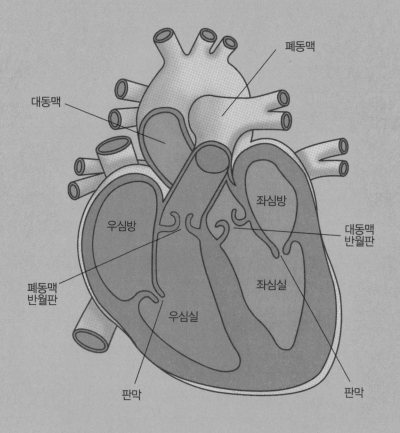

심장에도 문이 있다고요?

심장에는 방과 실이 있어요. 그리고 방과 실에는 혈액을 들여보내고 내보내는 문인 '판막'이 있어요. 판막은 수시로 열었다 닫았다 하면서 혈액을 내보내고 들여보내지요. 그렇다면 판막은 어떨 때 열릴까요? 심장 안쪽과 바깥으로 피가 지나갈 때 열리는데, 피가 지나간 뒤 곧바로 닫혀요. 그래야만 혈액이 원래 흘러가야 할 방향을 거스르는 일이 없도록 막아줄 수 있거든요. 판막이 아무 때나 열리고 닫히면 혈액이 마구 흘러들거나 나와서 위험해진답니다.

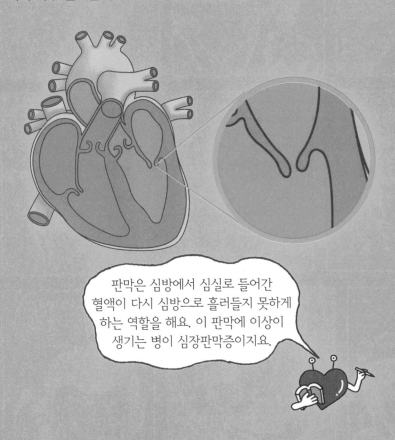

판막은 심방에서 심실로 들어간 혈액이 다시 심방으로 흘러들지 못하게 하는 역할을 해요. 이 판막에 이상이 생기는 병이 심장판막증이지요.

나한텐 어림없어!

우리 학교 5학년 각 반마다 땀 많이 흘리는 아이를 반대표로 뽑아 서로 누가 땀을 많이 흘리는지 겨루는 거야. 진 반 아이들이 1년 동안 이긴 반을 돌아가면서 청소해 주기로 했다고.

무슨 그런 말도 안 되는….

좀 황당한 시합이긴 해. 하지만 네가 안 나가면 우리 반이 1년 동안 남의 반 청소를 해야 한다니까. 넌 우리 반의 희망이라고.

내가 어떻게 하면 되는데?

30분 동안 무슨 수를 쓰든 최대한 땀을 많이 흘리면 돼.

후유, 언젠데?

이번 주 토요일 오후 3시 학교 강당이야.

토요일 오후 3시 후문초등학교 강당.

영상 33도에 이게 무슨!

벌써 덥네!

이 녀석만 복장이 왜 이래?

지금부터 최고의 땀돌이를 뽑는 시합을 시작하겠습니다. 출전자들은 지금부터 30분 동안 땀을 흘려 주세요. 자, 시작!

3:00

얘써~ 호랑나비!

우갸우갸!

땀 흘리는 덴 이불 뒤집어쓰고 가만 있는 게 최고지!

참, 애들 쓴다.

노폐물을 배출시켜 주는 땀

누구나 더우면 흘리는 땀. 그런데 땀은 왜 날까요? 사람의 피부에는 땀샘이 있어서 우리 몸에서 쓰고 남은 노폐물을 걸러 피부 밖으로 내보내는데, 이걸 바로 땀이라고 불러요. 땀샘은 둥그렇게 말려 있는 기다란 관으로 되어 있어서 땀을 밖으로 내보내기 쉽지요.

땀은 체온 조절에도 큰 역할을 해요. 여름에 온도가 높거나 운동을 해서 체온이 올라가면 땀이 나지요. 이때 땀은 피부에 작은 물방울 모양으로 맺히는데, 이 물방울이 증발하면서 몸의 열을 빼앗아가 체온이 떨어져요. 만약 체온이 계속 올라가면 우리 몸에 이상이 생길 수도 있거든요.

땀이 송글송글
맺힌 피부

그런데 땀의 성분은 무엇일까요? 땀은 대부분 물이고, 아주 적은 양의 염분(소금기)과 요소가 섞여 있어요.

이렇게 고마운 땀을 더럽다고 생각하면 안 되겠지요?

아기들은 왜 땀띠가 많이 날까요?

땀띠란 다른 말로는 '한진'이라고도 해요. 여름철에 땀을 너무 많이 흘려 피부가 자극을 받아 생기는 발진을 말해요. 땀띠는 작고 붉은 좁쌀 모양이며, 가렵고 따끔 따끔해요. 땀띠가 생기는 주요 원인은 땀이 배출되는 관이나 관 구멍이 막혀서 땀샘에 염증이 생기기 때문이에요. 그런데 유독 아기들은 어른에 비해 땀띠가 잘 생겨요. 왜 이럴까요? 그 이유는 어른에 비해 땀샘이 촘촘하고, 어른보다 2배 이상 땀을 많이 흘리기 때문이에요. 땀띠가 생기지 않으려면 통풍이 잘 되며, 시원한 환경을 만드는 것이 가장 중요해요. 또한 땀을 흘리면 즉시 씻어 주어야 땀띠가 잘 안 생긴답니다.

땀을 많이 흘리는 아기들은 땀띠가 나기 쉬워요.

땀을 너무 흘려도, 안 흘려도 병

　다한증이란 아무 이유 없이 땀이 많이 나는 질병이에요. 체온이 올라가지 않았는데도 땀이 많이 나거나 땀이 쉽게 그치지 않는다면 다한증을 의심해 봐야 해요. 또 당뇨병처럼 열을 많이 내는 질병을 갖고 있는 사람에게는 다한증이 많이 나타나요. 그래서 땀을 많이 흘린다면 혹시 다른 질병에 걸린 건 아닌지 살펴야 해요.

　다한증과 반대로 땀이 나지 않는 병을 무한증, 또는 땀 없음증이라고 해요. 신경성 내분비 장애나 피부병 따위가 원인이 되어 생기는데, 이런 증상이 있는 사람들은 입이 마르고 소변을 자주, 많이 보는 것이 특징이에요. 땀이 나지 않으면 피부가 숨을 쉬지 않는 것과 같아요. 따라서 냉방병에 걸리기 쉽고, 피부에 쌓인 노폐물이 제대로 배출이 되지 않으므로 건강에도 해롭답니다.

체온이
올라가면 땀을
배출해 체온을
조절하는
우리 몸은 정말
놀라워요.

효자와 불효자 사이

신장병을 앓고 있는 아버지에게 신장을 이식해 준 15살 소년이 있어서 화제입니다.

MBS

이 시대에 보기 드문 효자가 아닐 수 없습니다.

정말 요즘 시대에 보기 드문 효자네.

그러게. 저런 자식을 둔 부모는 정말 흐뭇하겠어.

흐뭇하다 뿐이겠어요.

우리 재우는 저런 상황이 되면 어떻게 할래?

전….

흥! 이럴 줄 알았어. 하여간 자식 헛 키웠다니깐.

그게 아니라 수술칼이 무서워서….

엄마가 아프다는데 그깟 작은 칼이 무서워?

내가 주사도 잘 못 맞는 거 알잖아요.

막상 그런 상황이 되면 재우도 생각이 달라질 거야. 그리고 그게 쉬운 일은 아니잖아. 당신이나 나도 그런 상황이 되면 어떨지 모르잖아?

흥! 난 얼마든지 신장 같은 건 떼어 줄 수 있어요.

하나도 아니고 두 개잖아. 그거만 주면 내 남편, 내 자식 살린다는데, 못 줄 게 뭐 있어요?

여보~ 엄마~ 벌떡

여보~ 엄마~ 씩씩! 쿵 쿵 엉엉주춤

콰앙

으이그, 녀석. 그냥 빈말이라도 당장 드릴 수 있다고 하지 그랬니?

전 그냥 칼이 무서워서….

그렇게 융통성이 없어서야. 엄마가 네 마음을 보고 싶은 거지, 당장 신장 하나 달란 게 아니잖니?

거짓말로 엄마를 위로하는 건 나쁘잖아요?

쯧쯧쯧! 넌 선의의 거짓말이란 말도 못 들어 봤냐? 어쩜 그렇게 엄마나 아들이나 융통성이 없어?

쿡!

아빠, 그런데 신장은 왜 두 개나 있어요?

신장은 노폐물을 걸러 주고 거기서 남은 쓰레기와 물을 방광으로 내보내는 기관이라는 건 잘 알지?

예, 알아요.

그런데 신장은 다른 기관보다 기능이 약해서 두 개가 있는 거란다.

깜짝?   우~ 끔찍!

그럼 두 개다 필요한 거잖아요?

덥썩

건강한 신장 두 개가 다 있어야 가장 좋지만, 하나라도 큰 지장은 없기 때문에 신장을 나눠 주기도 한단다.

신장 이식 수술은 아프지 않아요?

몸의 장기를 떼어 내는 건데 안 아플 리가 있겠어?

쓱쓱

하지만 사랑하는 사람을 위해선 아픔도 견딜 수 있어야 하는 게 아닐까?

아빠 엄마는 저를 위해서 힘든 일을 마다하지 않으시는데, 제가 이기적이었어요.

하지만 아프기 전에 건강을 잃지 않도록 평소에 운동도 열심히 하고 음식도 골고루 잘 먹어야겠지?

엉엉~

우리 몸의 수분의 양을 조절해 주는 콩팥!

콩팥은 다른 말로 '신장'이라고 불러요. 배의 바로 위쪽 창자 바로 뒤에 있는 기관으로, 오른쪽과 왼쪽에 각각 하나씩 2개가 있어요. 콩팥은 혈액 속에 들어 있는 불필요한 찌꺼기를 걸러 내는 동시에 수분도 받아 내어 오줌을 만들어요. 이렇게 걸러진 오줌은 방광으로 보내지지요. 또한 콩팥은 우리 몸속의 수분의 양을 조절하기도 해요. 그래서 신장이 아픈 사람들은 몸속의 수분을 잘 배출시키지 못해서 몸이 심하게 붓는 거예요.

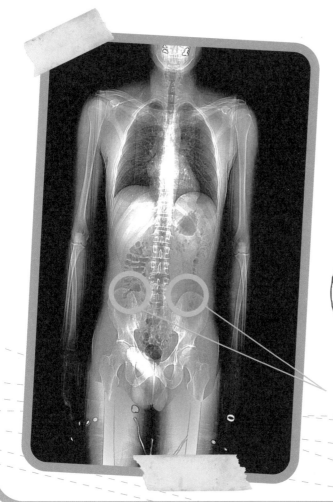

이 부분에 신장이 있어요. 사람들의 몸속에는 신장이 2개씩 있답니다.

콩팥 기능이 망가지면 어떻게 되나요?

콩팥은 혈액 속에 쌓인 노폐물을 걸러내 소변으로 배설하는 중요한 일을 해요. 그래서 콩팥의 기능이 망가지면 우리 몸 안에는 노폐물들이 쌓이게 돼요. 소변으로 배설되지 못하고 몸에 쌓이는 이런 노폐물들을 '요독'이라고 하지요. 몸 안에 이러한 요독 물질이 쌓이면 여러 가지 증상과 합병증들이 생기는데, 이를 '요독 증상'이라고 불러요. 요독 증상이 심한 사람은 콩팥을 이식받거나 투석 치료(인공 신장을 통해 혈액을 걸러서 다시 몸속으로 넣어 주는 환자 치료)를 받아야 정상적인 생활을 할 수 있어요.

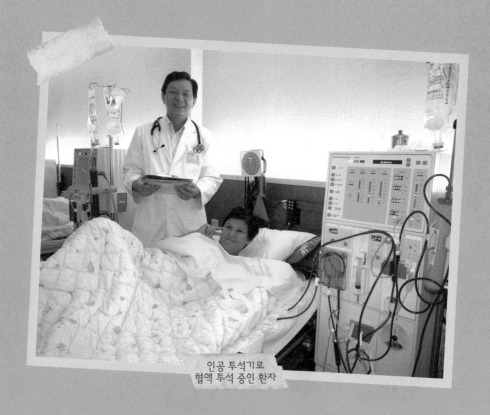

인공 투석기로
혈액 투석 중인 환자

콩팥에 좋은 음식 vs 콩팥에 나쁜 음식

콩팥을 건강하게 유지하는 데 어떤 음식이 좋으며, 어떤 음식이 나쁠까요? 먼저 콩팥에 좋은 음식으로는 늙은 박, 말린 밤, 산수유 그리고 검은깨 등이 있어요. 이러한 음식들은 콩팥을 건강하게 해 주고 콩팥의 기능도 높여 준답니다.

반면에 콩팥에 안 좋은 음식으로는 잡곡밥, 오렌지, 바나나 등이 있어요. 특히 콩팥 기능이 안 좋은 사람은 두유나 두부 그리고 콩 음식을 많이 섭취하면 오히려 해로워요.

！ 콩팥에 좋은 음식

박

밤

산수유

！ 콩팥에 해로운 음식

바나나

두부

오렌지

까칠한 투덜이

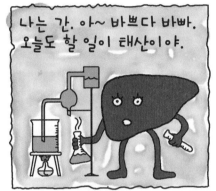

나는 간. 아~ 바쁘다 바빠. 오늘도 할 일이 태산이야.

그래도 덩치가 이렇게 크니까 많은 일을 할 수 있지.

사람들이 제일 중요하다는 심장보다도 크다고.

내장 중엔 내가 가장 크고 무게도 많이 나가지, 암!

하지만 내 피부색은 불만이야.

검으려면 아예 검을 것이지, 검붉은 게 뭐야. 어정쩡하게 말이야.

나처럼 열심히 일하는 내장에게 이런 피부색을 주는 건 불공평해.

그래, 심란할 땐 열심히 일하는 게 최고지.

왜? 똥색보단 예쁘잖아. 냄새도 그렇게 고약하진 않고.

뭐라고?

ㅋㅋㅋ

창자 녀석 아냐!

그래도 순대같이 생긴 너보단 훨씬 나. 어디서 말을 함부로 해?

못생긴 게 불쌍해서 위로를 해 주니까. 뭐, 순대? 너 순대맛 좀 제대로 볼래?

왜들 이래? 우리 중 어느 하나만 잘못 돼도 전체가 다 위험해진다는 거 몰라?

이자

저게 날 똥이랑 비교하잖아.

누가 너보고 똥이래? 똥보다 낫댔지. 말귀를 못 알아들어, 멍충이.

뭐, 멍충이? 저게 진짜 죽고 싶어 환장했나?

제발 그만 좀 해. 창자가 죽으면 넌 살 수 있을 거 같아?

치, 간 저 녀석이 무슨 중요한 일이나 한다고.

네깟 녀석이 내가 얼마나 중요한 일을 하는지 알 턱이 없지.

우리 내장은 모두 중요하지만 그 중 간은 정말 중요하고 많은 일을 해.

이자 넌 좀 빠져. 그래, 간! 중요하단 네 일에 대해 어디 한번 들어나 보자.

좋아. 잘 들어 보라고.

이게 바로 쓸개즙이야. 내가 이걸 만들어야 우리 주인님 소화가 잘 된다고.

몸밖에서 독이 들어오면 어쩔래?

전에 독이 들어왔을 때 넌 도망가느라 정신이 없더라. 그 독을 누가 처리했는 줄 알기나 해?

바로 이 몸이라고, 흥!

어쩌다 한번 뭐 좀 했나 보지.

쉴 때 쉬고 잘 때 자는 너 같은 녀석들이 내 일을 알 턱이 없지. 그것뿐인 줄 알아?

상처가 나면 피를 굳게 하는 물질인 프로트롬빈을 만들어 내는 것도 나란 말이지.

주인님의 떨어진 체온을 높이는 일을 하기도 한다고.

너만 잘난 줄 알아. 나로 말할 것 같으면....

큰일 났어. 수명이 다 된 적혈구가 너무 많아.

아, 오늘도 잠자긴 글렀네. 내 이 적혈구들을 그냥!

어어, 내 말은 듣고 가야지.

106

쓸개즙을 만드는 간

간은 우리 몸의 내장 중에서 가장 크고 복잡한 일을 한답니다. 간의 무게는 보통 어른의 경우 자기 몸무게의 50분의 1 정도로 1.3~1.5kg이에요. 간은 약 100만 개나 되는 간세포로 이루어져 있어요. 색은 검붉은데, 그 이유는 피를 머금고 있어서예요. 간이 하는 많은 일 중 가장 중요한 일은 쓸개즙을 만드는 거예요. 간은 쓸개즙을 만들어 지방의 소화를 돕고 음식물 속의 독성 물질을 분해시키지요. 또한 작은창자에서 전해진 영양소를 저장하여 몸에 필요한 에너지도 만든답니다.

이 부분에 크게 자리를 차지하고 있는 것이 간이에요.

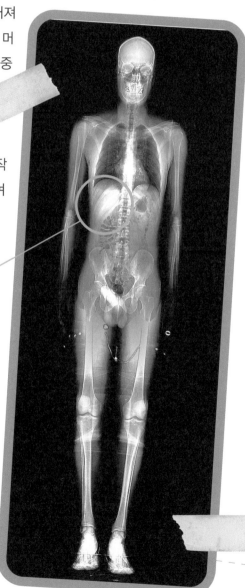

이자는 무슨 일을 할까요?

이자를 다른 말로 췌장이라고도 하며, 간처럼 소화 기관의 한 종류예요. 위 뒤쪽에 있는 약 15cm의 가늘고 긴 기관이에요. 이자가 하는 일은 크게 두 가지로 나눌 수 있어요. 첫 번째로 하는 일은 이자액을 소장 속으로 보내 음식물을 소화시키고 흡수하는 것을 도와요. 두 번째로 하는 일은 '랑겔한스씨도'라는 세포에서 '인슐린'을 만들어 직접 핏속이나 림프 속으로 넣어 핏속의 당분(설탕)의 양을 조절하는 일을 하지요. '인슐린'의 양이 부족하면 핏속에 당분이 지나치게 많이 남아 있어 당뇨병을 일으키게 된답니다.

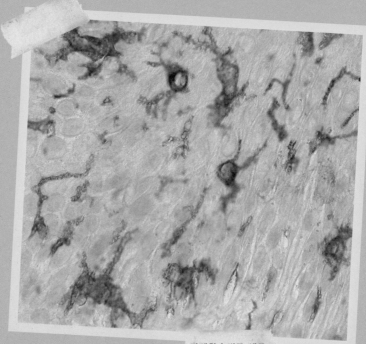

랑겔한스씨도 세포

간에 좋은 음식 vs 간에 나쁜 음식

간이 약한 사람은 집중력이 떨어지고 잘 놀라며 화를 잘 낸다고 해요. 따라서 건강하게 살아가려면 간을 미리미리 보호하는 게 좋겠지요? 그렇다면 간을 강하게 하는 음식에는 어떤 것이 있으며, 간을 나쁘게 하는 음식에는 어떤 것이 있을까요?

토마토는 간세포 재생에 효과가 좋고, 오가피 열매는 간을 보호하고 해독하는 데 효과가 좋으며, 결명자와 부추는 간 기능을 강화시켜 준답니다.

반대로 간에 나쁜 음식으로는 술과 튀기거나 기름진 음식이고, 밀가루 음식과 설탕이 많이 들어간 음식도 간 건강에 좋지 않다고 해요.

! 간에 좋은 음식

토마토

오가피 열매

결명자

! 간에 나쁜 음식

술

과자

빵

위대한 대위

제발 저 프로그램 보게 해 주세요, 엄마, 네~!

가뜩이나 뚱뚱한 녀석이 저런 황당한 것만 보니 엄마가 속상하지 않겠어?

엄마, 난 세계 최고의 푸드 파이터가 될 거라고요.

푸드 파이터? 말도 안 되는 소리 하지 말고 어서 방에 들어가 공부나 해!

도전한다는 건 사소한 일이라도 의미있다고 해 놓고선….

후유, 쟤는 어쩜 저렇게 엉뚱한지 몰라, 정말.

몇 시간 뒤….

대회야, 엄마 마트에 다녀올 테니 집 잘 보고 있어.

아싸! 다녀 오세요.

끼야호!

Click!

네, 이번 푸드 파이터 대회는 캘리포니아에서 열린 닭다리 많이 먹기입니다. 제 옆으로 도전자들이 서 있는데요.

세계 챔피언 아끼꼬 씨는 안 나왔네.

시무룩

작은 몸으로 덩치 큰 사람보다 더 많이 먹는 아끼꼬 씨야말로 진정한 인간 승리라 할 수 있지.

자신의 신체적 조건을 극복한 푸드 파이터 아끼꼬 씨를 꺾는 게 내 꿈이야.

111

가만, 이러고 있을 게 아니라 연습을 좀 해 볼까?

두리번 두리번

뭘로 연습하지?

오호! 이거야, 이거.

엄마가 숨겨놓은 식빵 다섯 봉지!

크크크!

이 정도면 핫도그 50개 양과 비슷하겠지?

네, 이대휘 선수! 세계 최고 푸드 파이터 아끼꼬 씨와 결승전을 앞두고 있습니다. 그럼 하나, 둘, 셋! 스타트!

앗구앗구

꾸역꾸역

삐직삐직

헉!

아이고 배야! 대휘 죽네!

떼굴떼굴

대휘야, 왜 그래?

으으으~

대체 얘가 왜 이러죠?

웨에에에에~

위가 잘 늘어나는 기관이지만, 너무 무리하면 탈이 난단다. 먹기 대회는 위장에 무리를 주니 안 했으면 좋겠구나.

112

위는 소화를 담당하는 기관

위는 식도와 십이지장 사이에 있는 소화 기관으로, 'J'자 모양의 주머니처럼 생겼어요. 음식물을 일시적으로 저장하면서, 본격적으로 소화가 시작되는 기관이지요.

그러면 위는 어떻게 음식물을 소화시키는 걸까요? 위의 내벽 세포에서는 펩시노겐과 위산을 분비한답니다. 이 중 위산은 강한 산으로, 음식물에 있는 세균과 미생물을 없애 주지요. 또한 위산에 의해 펩시노겐이 활성화되어 펩신을 만들어 단백질을 분해한답니다.

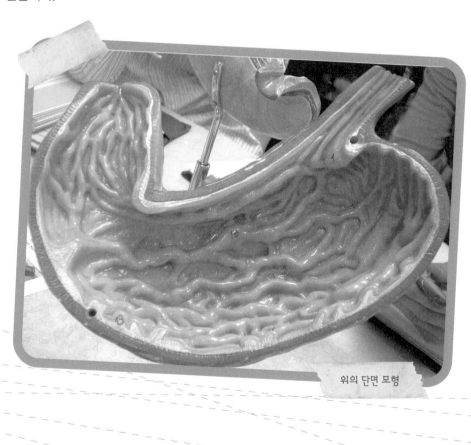

위의 단면 모형

위궤양이 생기면 위에 구멍이 난다고요?

위에서는 위산을 분비해서 위에 들어온 음식물을 소화시켜요. 또 위에서는 위산 뿐만 아니라 위벽을 보호하는 끈끈한 점액인 뮤신도 분비하지요. 그런데 위벽을 보호하는 뮤신이 부족하거나 위산이 많이 분비되면 위벽이 손상되어 속이 쓰리고, 때로는 위궤양이 생기기도 해요. 위궤양은 술과 담배 그리고 커피같이 많이 섭취하면 손상을 주는 해로운 물질들로 인해 자주 발생하는 질병이에요. 또한 불규칙적인 식습관이나 최근에 많이 보고되고 있는 '헬리코박터 파이로리'라는 세균에 의해서도 생길 수도 있어요. 그런데 위궤양이 심해지면 위에 구멍이 날 수도 있다고 해요. 생각만 해도 정말 끔찍하죠?

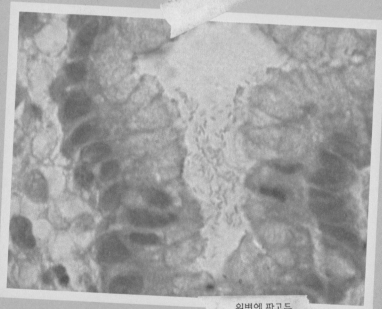

위벽에 파고든
헬리코박터 파일로리

위는 어떻게 강한 위산에도 녹지 않을까요?

위액에 있는 위산은 강한 산성으로 단백질을 분해하는 강력한 힘을 가지고 있어요. 하지만 정작 단백질로 이루어져 있는 위 내벽은 위액에 녹지 않아요. 어떻게 이런 일이 가능할까요? 이러한 일이 가능한 이유는 위 내벽을 덮고 있는 세포에서 끈끈한 액체인 뮤신이 분비되어 위를 보호해 주기 때문이에요. 게다가 위 점막이 손상되면 그물처럼 분포된 혈관이 혈액을 풍부하게 공급하여 바로 새로운 위세포를 만들어서 점막 상태를 회복시켜 준답니다.

위액은 소화 효소인 펩신과 염산으로 구성되어 있어요. 그런데 염산은 매우 강한 산성 물질이에요. 이것이 위벽에 바로 닿으면 상처를 입어요.

그런 위액이 바로 위벽에 닿지 않도록 뮤신이 막아 주는 것이지요.

영광의 지연

아이고, 덥다 더워.

올 여름은 더워도 너무 덥네.

푸아아앙~

훌렁!

에어컨 바람이 왜 이리 안 시원해?

살랑 살랑

겉만 시원해선 안 되지.

시원하고 달콤한 아이스바!

와작!

두 입이면 끝이네.

한 쪽 냠 한 쪽 냠

쩝쩝 쩝쩝!

종류별로 한번 먹어 볼까?

이건 딸기 맛 아이스바.

이건 멜론 맛 아이스바.

이건 초콜릿 맛 아이스바.

히히, 이건 내가 젤 좋아하는 비비 꼬인 맛 아이스바.

영광아!

어, 엄마!

찬 거 너무 많이 먹지 말랬지?

헤헤헤, 너무 더워서요.

내가 못살아. 도대체 몇 개를 먹은 거야?

아홉 개요.

아홉 개? 이도 안 시리니?

전 아직 젊거든요.

젊은 게 아니라 어린 거지.

아무튼 전 아이스바를 아무리 먹어도 끄떡없다고요.

내가 너한테 무슨 소릴 하겠니? 어서 나가 봐. 밖에서 지연이가 기다리더라.

지연이요? 이히히.

엄마, 놀다 올게요.

정말 옷 말려.

아줌마, 큰일났어요!

저기 영광이가, 영광이가…

영광아, 영광아!

아이고 배야! 영광이 죽네.

지연아, 어떻게 된 거야?

몰라요. 처음엔 배가 살살 아프다더니….

나중엔 배가 아파 죽겠다며 저렇게. 그리고 영광이 똥도 쌌나 봐요.

어어, 얘가 정말 큰 탈이 났나 보다.

얼른 병원에 가자!

아줌마, 신발….

배탈이라고요?

속좋은병원

여름에 찬 거 많이 먹고 장에 탈이 나는 아이들이 많아요.

후유, 전 또 큰 병이나 난 줄 알고….

그런데 왜 화장실을 안 가고 바지에 똥을 쌌니?

여자친구 앞에서 어떻게 똥 싸러 간다고 해요?

하하하. 똥 싸는 게 뭐 어때서?

지연이처럼 예쁜 애는 더럽게 똥을 안 쌀 거예요.

하하하, 녀석! 그 애를 무척 좋아하나 보구나.

음식물의 영양분이 흡수되는 작은창자

작은창자는 위와 대장 사이에 있으며, 길이가 6~7m 정도 되는 소화관이에요. 작은창자는 소화 운동을 하고, 영양분을 소화하며 흡수하는 우리 몸에서 매우 중요한 부분이지요. 우리가 먹은 음식물의 영양분이 거의 작은창자에서 흡수되거든요.

작은창자는 길이가 길수록 영양소를 흡수하기에 좋다고 해요. 작은창자에서도 소화액인 장액이 나오는데, 이 소화액은 단백질과 탄수화물을 다시 잘게 분해해요. 이렇게 완전히 소화가 된 영양소는 융털을 통해 흡수되어 간으로 보내져요.

사람의 내장 기관을 실물과 같이 만들어 놓은 모형이에요. 이중 15번 위치에 있는 것이 작은창자예요.

큰창자는 어떤 일을 할까요?

작은창자 다음에 이어지는 큰창자는 항문으로 연결되는 소화 기관이에요. 길이는
약 1.5m이며 맹장, 결장, 직장 이렇게 세 부분으로 이루어져 있어요. 그렇다면 큰창
자는 어떤 일을 할까요? 큰창자는 위나 작은창자처럼 소화액이 나오지는 않아서 소
화 작용은 일어나지 않아요. 작은창자에서 소화되고 남은 찌꺼기는 큰창자로 내려
오게 되지요. 큰창자의 내부 벽에서는 이렇게 내려온 찌꺼기로부터 수분을 빨아들
여 음식물 찌꺼기를 덩어리로 만들어요. 큰창자는 이렇게 만들어진 찌꺼기 덩어리
를 운동을 통해 몸 밖으로 내보내는 역할을 한답니다.

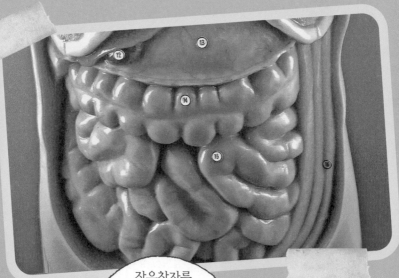

작은창자를
감싸듯 동그랗게
복부에 놓여 있는
굵은 관이 큰창자예요.
14번 부분이에요.

여름철 장을 건강하게 하려면 어떻게 해야 할까요?

　무더운 여름이면 배탈과 장염으로 고생하는 사람들이 많아요. 더위를 식히기 위해 자주 먹는 찬 음식들 때문이에요. 그럼 무더운 여름에 장을 건강하게 하는 방법을 알아볼까요? 먼저 배를 따뜻하게 해야 해요. 그러려면 여름철 에어컨의 사용을 줄이고, 배를 드러내는 옷을 피하고, 차가운 음료수 대신 실온 정도나 따뜻한 음료수를 마시는 게 좋아요. 그리고 또 하나, 식이섬유를 충분히 먹는 게 좋아요. 식이섬유는 위장과 장을 통과하면서 지방이나 당을 빨아들이는데, 이것으로 인해 지방이 우리 몸에 흡수되는 속도를 늦춰 주거나 배설을 촉진시켜 체지방이 축적되는 것을 감소시켜 주지요. 또한 위와 작은창자를 지나오는 동안 수분을 흡수하여 변을 부드럽게 하고 양을 늘리며 장운동을 촉진하는 역할을 하거든요.

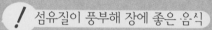

! 섬유질이 풍부해 장에 좋은 음식

귀리

고구마

과일

박치기왕 도현이

나, 도현이. 취미는 레슬링이야.

레슬링 기술은 여러 가지가 있지. 이건 드롭킥.

아뵤!

부웅~

아이쿠, 엉덩이야!

부웅

이건 헤드락.

아, 아, 아파. 놔 줘!

꽉!

이건 스쿨보이.

엎어 치기

으악! 뭐 하는 거야?

이건 좀 화려한 기술인데, 코브라 트위스트.

아아, 그만 좀 해, 형! 나 죽겠어.

하지만 내 주무기는 따로 있지.

어어어

바로 박치기야. 학교에선 날 박치기왕이라고 하지.

헉!

아악, 형! 그것만은 안 돼!

쾅

부르르~

음, 이번엔 뭔가 잘못된 것 같군.

뭐야? 이게 무슨 소리야?

으앙! 형이 나한테 박치기를 하려다 내가 피하니까 책꽂이를 받았어요.

도현이 너 또! 엄마가 박치기 하지 말랬지?

그냥 장난으로….

근데 머리는 괜찮니?

끄덕없어요. 제 머리는 쇳덩이라고요. 쿵쿵!

어머, 책꽂이가 찌그러졌잖아. 도현이, 이 녀석!

이 녀석 어디 갔어?

형 도망 갔어요.

다음 날 도현이네 학교.

자, 저번 주에 신경 기관에 대해서 알아 오라고 했지? 11번 일어나 봐.

허걱! 오늘 재수 되게 없네.

반사에는 두 가지 종류가 있다. 뭐지?

조, 조건 반사랑 무조건 반사요.

와!

오!

와우!

헤~

그럼 조건 반사랑 무조건 반사에 대해 설명해 봐.

그게 그러니까….

힌트를 주지. 조건 반사는 일정한 조건에서 반응하는 거고, 무조건 반사는 무조건 본능적으로 일어나는 반응이야. 이제 설명할 수 있겠지?

아하!

제가 박치기를 하기 전에 앞다리를 들썩거리면 아이들이 날쌔게 도망가요. 박치기가 나올 줄 알거든요. 이게 조건 반사예요.

그렇다 치고. 그럼 무조건 반사는?

제가 준비 자세를 취하지 않고 갑자기 친구들에게 박치기 공격을 했을 때 본능적으로 피하는 게 무조건 반사 아닌가요?

흠~

삐질

삐질

그림, 그럴 듯하구나. 박치기를 많이 하면 머리가 나빠질 텐데, 넌 안 그런 모양이구나?

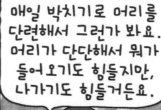

매일 박치기로 머리를 단련해서 그런가 봐요. 머리가 단단해서 뭔가 들어오기도 힘들지만, 나가기도 힘들거든요.

킥킥킥!

깔깔깔!

우 헤헤헤! 대박!

필요한 정보를
전달해 주는 신경 기관

　　우리는 매일 식사를 하고 잠을 자고 생각하고 활동을 해요. 우리가 이렇게 건강하게 생활할 수 있는 것은 우리 몸을 구성하고 있는 여러 기관들이 서로 상호작용을 하며 조화를 이루고 있기 때문이에요. 이렇게 우리 몸의 기관들이 서로 상호작용을 하며 조화를 이루는 것을 '몸의 조화' 라고 해요. 이렇게 몸의 조화를 이루는 데 가장 중요한 역할을 하는 것은 신경계와 호로몬이에요. 신경은 신경 세포의 돌기가 모여 결합 조직으로 된 막에 싸여 끈처럼 된 구조예요. 그런 신경의 주요 역할은 뇌와 척수 그리고 우리 몸 각 부분 사이에 필요한 정보를 서로 전달하는 것이에요. 피부에서 느낀 눌림을 뇌가 느끼도록 정보를 전달하거나 혀에 음식이 들어오면 어떤 맛인지를 뇌가 느끼도록 정보를 전달하는 등의 일을 하지요.

박치기를 하면 정말 머리가 나빠지나요?

도현이처럼 매일 박치기를 하면 정말 머리가 나빠질까요? 아니에요. 왜냐하면 1차적으로 머리카락이 충격을 완화시켜 주고, 2차적으로 단단한 머리뼈가 보호해 주고 있거든요. 물론 박치기를 자주 하면 상처나 혹 같은 게 피부에 생겨서 좋지는 않지요. 하지만 이런 충격으로 머리뼈 속의 뇌가 영향을 받지는 않는답니다. 단, 너무 세게 부딪쳐서 머리뼈가 부서지거나 머리뼈 안에 있는 혈관이 터진다면 아주 큰일이 나니 조심하는 것이 좋겠지요.

우리의 뇌는 머리뼈와 머리카락이 외부의 충격으로부터 보호해 줘요.

종소리만 들으면 군침을 흘리는 개?

우리의 모든 신체 부위는 뇌의 영향을 받지요. 따라서 신경도 뇌의 영향을 받아요. 조건 반사는 어떤 특정한 조건이 갖춰지면 저절로 일어나는 반사를 말해요. '파블로프의 개 실험'이 대표적인 조건 반사의 예지요. 개에게 먹이를 주기 전 종을 울리는 훈련을 반복하면, 나중에는 개가 종소리만 들어도 군침을 흘리게 된다는 거예요. 무조건 반사는 특정한 조건 없이 본능적으로 반응하는 걸 말해요. 돌이 날아오면 순간적으로 피하게 되는 게 대표적인 예이지요.

개에게 먹이를 줄 때 종을 울려 주는 훈련을 반복해 주면, 종만 울려도 침을 흘리는 반응을 보여요. 바로 조건 반사예요.

잘생긴 뇌

난, 영국이. 우리 학교 최고의 인라인 고수지.

두둥~

끝없는 훈련, 그것이 나를 최고로 만들었어.

어때? 폼 끝내 주지?

짠!

영국아, 안 자고 뭐 하니?

이크! 엄마다.

지금 자요.

후다닥

오늘은 숙제 때문에 저녁 훈련을 못 했네.

아무래도 나가서 훈련 좀 해야겠어.

벌떡

엄마한테 들키면 엄청 혼날 거야.

살금살금

아이고, 제발 소리 좀 나지 마라.

끼이익

휙~

탁!

방공기가 아주 신선한걸. 자, 그럼 달려 볼까나.

아차, 헬멧을 안 가져 왔네. 어쩌지?

한 번쯤 안 쓸 수도 있지, 뭐.

휘이익

이 멋진 폼 좀 보라지.

쌩~

뒤로 달리는 건 더 멋지다고.

스르르륵~

내가 젤 잘 나가. 내가 젤 잘 나가.

오픈 기념 바겐세일! 99%~2%

소변금지

쌩~

멍!

헉!

어어어

깽~

끼이익

아아악

붕~

크윽!

쾅!

어머, 여기 아이가 머리를 다쳤어요!

얘야, 정신 차려!

어서 구급차 불러요!

컹컹컹!!!

애애애애~

129

좀 어떠니? 아픈 데 있으면 말해 보렴.

어지럽고, 속이 울렁거리고, 토할 거 같아요.

심각한 문제가 있는 건가요?

외상은 없지만 어지럼증과 구토증을 호소하니 MRI 촬영을 통해 머리 속을 보아야겠습니다.

그럼 돈이 많이 들지 않나요?

검사를 안 해 문제가 생기면 저희는 책임 못 집니다.

그럼 할 수 없죠. MRI 촬영을 해 주세요.

후유~

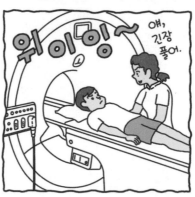

위이잉~

얘, 긴장 풀어.

음, 다행히 아무 문제가 없군요.

우아, 이게 제 뇌예요? 호두같이 생겼네.

크크크. 엄마 이것 좀 보세요.

으이그, 철딱서니 없는 녀석아.

헤헤헤~

MRI 검사비를 어떻게 내야 하나? 영국 아빠가 직장을 잃어 돈이 한푼도 없는데…

기억하고 명령하는 뇌!

우리가 사물을 느끼고, 행복했던 순간을 기억하고, 상황을 판단할 수 있는 건 모두 뇌가 있기 때문이에요. 예를 들면 손에 뜨거운 물을 담그면 재빨리 물이 뜨겁다는 걸 인식하고 빨리 손을 빼라고 명령을 내리는 거죠. 또한 우리 몸의 많은 기관들이 조화를 이루고 그 기관들이 매순간 올바르게 작용하도록 명령을 내려요. 뇌는 우리 몸 가장 높은 곳에 있으며, 가장 중요한 기관이기도 해요. 뇌는 그 기능에 따라 대뇌, 소뇌, 중뇌, 연수로 나누어지고, 서로 신호를 주고받으며 각자의 일을 한답니다.

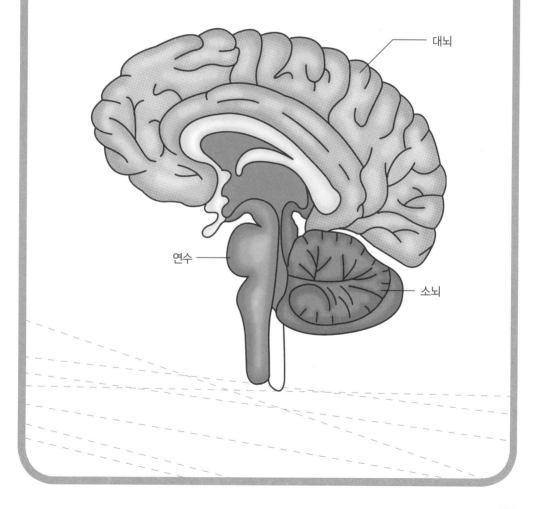

140억 개의 세포로 이뤄진 대뇌는 어떤 일을 하나요?

대뇌는 머리뼈 안의 뇌 중에서 가장 큰 부분을 차지해요. 약 140억 개의 신경 세포로 이루어져 있지요. 대뇌의 무게는 사람마다 조금씩 다르지만 어른의 경우 보통 1,500그램 정도 나가요. 대뇌는 왼쪽과 오른쪽으로 나누어지며, 이것을 각각 좌뇌와 우뇌라고 불러요. 그리고 대뇌의 겉 부분을 다른 말로 '대뇌 피질'이라고 하며 각 부분에서 판단, 의지, 운동, 표현 등을 맡고 있어요. 그리고 좌뇌에서는 몸의 오른쪽에서 일어나는 기능을, 우뇌에서는 몸의 왼쪽에서 일어나는 기능을 각각 맡고 있답니다.

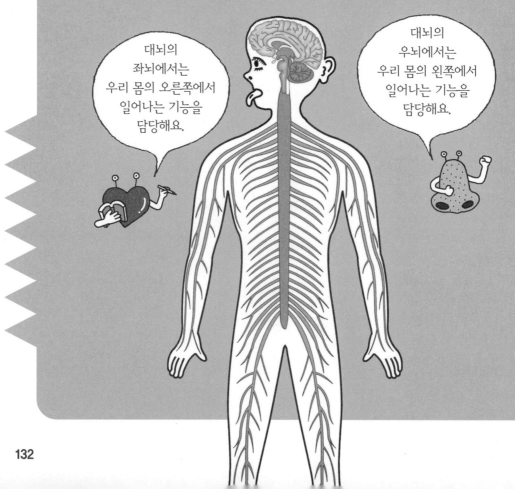

대뇌의 좌뇌에서는 우리 몸의 오른쪽에서 일어나는 기능을 담당해요.

대뇌의 우뇌에서는 우리 몸의 왼쪽에서 일어나는 기능을 담당해요.

소뇌에서는 어떤 일을 하나요?

　소뇌는 대뇌의 아래 부분에 있으며 대뇌처럼 좌우로 나뉘어 있어요. 표면의 주름은 대뇌만큼 복잡하지 않고 가로로 나란히 잡혀 있답니다. 소뇌가 주로 하는 일은 몸의 균형을 잡거나 운동과 관련된 일을 해요. 우리 몸 안에 있는 맘대로근의 움직임을 조절하여 몸의 균형을 유지하는 일을 하지요. 그래서 귀 안의 평형을 느끼는 구조에서 신호를 받으면 우리 몸 곳곳에 있는 근육을 움직이게끔 명령을 내려요. 소뇌의 기능은 의식과는 관계없이 일어난답니다.

소뇌가 하는 일은 주로 운동과 관련되어 있어요.

아인슈타인의 뇌

우리 아빠가 유명한 과학자시거든.

푹!

정말? 우아~ 대단하다!

푸하하하

농담이야, 농담! 그걸 믿냐?

뭐라고?

미안 미안. 하지만 완전 거짓말은 아니야.

또 무슨 말로 날 속이려고.

아인슈타인 뇌를 본뜬 것은 사실이야.

음, 그러니까 아인슈타인 뇌가 이렇게 생겼단 말이지?

아빠가 출장 가셨다가 사 오신 거야.

신기하네.

아인슈타인이 천재는 천재였나 봐. 대뇌 표면에 주름이 아주 많잖아.

오, 너도 뇌에 대해서 좀 아나 본데?

당근이지. 박사님들 봐. 다들 이마에 주름이 많잖아.

그건 박사님들이 대부분 나이가 많아서지. 대뇌 피질의 주름과는 아무 상관이 없어.

그래? 근데 왜 주름이 많으면 발달한 뇌라 그러지?

주름이 많으면 뇌의 겉 면적이 넓어져. 그 부분이 대뇌 피질인데, 판단, 의지, 운동, 표현 등 여러 기능을 담당해. 이것이 넓을수록 더 많은 기능을 담을 수 있겠지.

오, 어떻게 그렇게 잘 알아?

난 이 뇌를 보고 늘 그런 생각을 해. 뇌에는 우리가 아직 알지 못하는 무한한 가능성이 숨어 있을 거라고.

마치 무한한 우주처럼.

바로 그거야. 뇌의 비밀은 정말 무궁무진해. 난 그 비밀을 파헤치는 과학자가 되고 싶어.

박영준. 너 그러다 노벨상 받는 거 아냐?

못할 것도 없지, 뭐.

노벨상 받으면 나한테도 보여 주기다, 알았냐?

아, 알았어. 근데 이걸 풀어 줘야 노벨상이든 뭐든 받기 위해 공부를 할 거 아냐?

네가 훌륭한 과학자가 된다면 친구인 나도 뭔가 멋진 사람이 되어야 할 텐데. 난 뭐가 되면 좋겠냐?

하는 일이 각기 다른 우뇌와 좌뇌!

대뇌는 오른쪽의 우뇌와 왼쪽의 좌뇌로 나뉘어 있는데, 우뇌와 좌뇌는 하는 일이 달라요.

우뇌는 사물을 직감적으로 판단하여 기억하기 쉽게 이미지를 만들어요. 또한 창조적인 생각도 잘 하지요. 그래서 우뇌가 발달한 사람은 위치나 다른 사물과의 관계를 이해하며 그림을 그리는 일을 잘 한답니다.

좌뇌는 언어와 논리적으로 생각하는 능력이 뛰어나요. 그래서 좌뇌가 발달한 사람은 글을 읽고, 쓰고, 말하는 등 언어와 관련된 일을 잘한답니다.

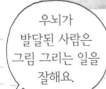

우뇌가 발달된 사람은 그림 그리는 일을 잘해요.

좌뇌가 발달된 사람은 말하는 능력이 뛰어나요.

뇌에는 왜 쭈글쭈글 주름이 많을까요?

사람들의 뇌를 들여다보면 마치 엉킨 줄을 담아 놓은 것처럼 표면이 쭈글쭈글한 모양이에요. 특히 대뇌의 표면에서는 아주 많은 주름을 볼 수 있어요. 왜 그럴까요? 그것은 뇌의 표면적을 넓게 하기 위해서랍니다. 표면적이 넓으면 더 많은 뇌세포들을 담을 수 있거든요. 이렇게 주름이 많을수록 발달한 뇌라고 볼 수 있어요. 작은창자에 융털이 있는 이유도 표면적을 넓혀 영양소를 효율적으로 흡수하기 위해서이고, 폐에 폐포가 있는 것도 표면적을 넓혀 혈관과 산소를 더 많이 접촉시켜서 산소를 많이 받아들이려는 거예요. 이런 것들이 표면적을 넓혀 얻을 수 있는 우리 몸의 효과이지요. 그래서 사람의 뇌는 어떤 동물의 뇌보다 주름이 많아요. 그 만큼 사람의 지능이 다른 동물들보다 발달한 것이지요.

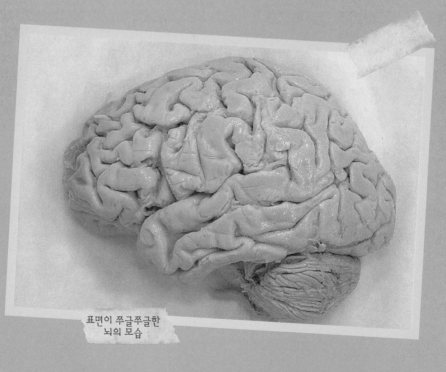

표면이 쭈글쭈글한
뇌의 모습

사람은 원래 왼손잡이일까요, 오른손잡이일까요?

갓난아기가 태어나면 처음에는 양손을 모두 쓸 수 있는 양손잡이로 태어나요. 하지만 아기가 점점 자라면서 여러 가지 환경을 접하고 특정한 방향으로 사용하도록 하는 부모의 교육을 받아요. 이런 과정을 거치면서 상대적으로 오른손잡이가 많아지는 거예요. 우리도 모르는 사이에 주변의 사람들이나 환경으로부터 오른손을 쓰게끔 배우게 되기 때문이지요. 그러니까 태어날 때부터 왼손잡이 혹은 오른손잡이로 정해져 태어나는 것이 아니라 자라면서 그 사람이 속한 사회와 문화의 분위기 속에서 특정한 방향으로 정해지는 것이랍니다.

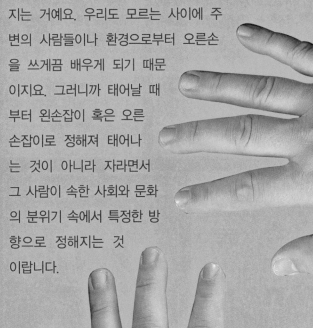

범수의 허스키 보이스

파아난 네잎 클로버 랄랄라~♪

핫입~

오케이, 됐어. 범수 너 몇 학년이지?

오, 오학년인데요. 죄, 죄송해요.

음, 키는 얼마나 되지?

167센티미터요.

왜 학년과 키는 묻고 그러시지?

그러게. 범수 키가 너무 커서 조화가 안 맞는다고 그러시나?

선생님, 죄송해요.

죄송하긴 뭐가 죄송해? 범수가 변성기에 접어들었구나.

남자들이 변성기에 접어들면 목소리가 굵어지고, 음이 간혹 틀리기도 한단다.

그럼 저 합창단을 그만둬야 하나요?

걱정 마라! 파트를 바꿔서 좀 낮은 음역대에서 노래를 하면 되니까. 왼쪽에 베이스 파트로 가서 연습을 하자. 자, 얘들아, 다시 시작!

목소리가 달라지고,
몸에 털이 나는 사춘기

어린이에서 청년으로 바뀌는 시기를 사춘기라고 해요. 남자아이들은 여자아이들에 비해서 사춘기가 늦게 찾아와요. 그래서 몸의 변화도 또래 여자아이들보다 늦게 일어나지요. 그렇다고 남자의 몸이 여자의 몸보다 덜 변하는 건 아니에요.

그럼 남자아이들은 어떤 신체적 변화를 겪는 걸까요? 남자아이들이 사춘기에 겪는 가장 큰 신체적 변화는 목소리가 굵어지는 것이에요. 그리고 체격도 발달해서 어깨가 떡 벌어지고 몸통도 예전보다 커지죠. 또한 몸 여기저기에 털이 나며, 특히 코와 턱에 수염이 나요. 그리고 남자들은 사춘기 이후부터 몸속에서 정자를 만들어 내기 시작해요.

사춘기의 남자 아이들

여드름은 왜 날까요?

사춘기에 접어든 남자아이들의 얼굴을 보면 여기저기 분화구처럼 여드름이 돋아 있는 경우가 많아요. 여드름은 이마나 코 혹은 얼굴 여기저기에 도톨도톨하게 나는 붉은색 종기를 말해요. 이런 여드름은 왜 날까요? 피부 속에서 지방 성분의 양이 많아지고, 이러한 성분이 제대로 배출되지 않고 피부에 쌓이기 때문이에요. 여드름이 나면 손톱으로 여드름을 짜는 학생들도 많은데, 이것은 여드름을 없애는 좋은 방법이 아니에요. 더러운 손으로 여드름을 짜다가 세균이 들어가면, 나중에 더 크게 붓고 심하면 흉터가 남게 되거든요. 여드름이 났을 때는 얼굴을 자주 씻어서 청결을 유지시켜 주는 게 좋답니다.

여드름이 난
사춘기 소년

144

11세부터 16세까지는 제2생장기

사람은 나이가 들면서 전체적으로 몸이 커지고 몸매도 균형이 잡히게 돼요. 하지만 사람이 살면서 눈에 띄게 키가 확 자라는 순간이 두 번 있어요. 제1생장기와 제2생장기가 바로 그때예요. 제1생장기는 태어나서부터 2년까지를 말해요. 이때 키가 빨리 자라고 몸무게가 급격하게 늘어나요. 특히 내장 기관들의 기능이 많이 발달한답니다. 제2생장기는 11세~16세 무렵이에요. 이 시기에 우리들의 몸은 아이에서 어른으로 서서히 바뀌어 가지요. 그런데 모든 사람이 제1, 제2생장기 때만 무럭무럭 자라는 건 아니에요. 사람에 따라 키가 자라는 시기는 조금씩 다르답니다.

태어나서 2세까지는 제1생장기예요.

11세부터 16세까지는 제2생장기예요.

아픈 만큼 성숙해지고

난 열한 살 소원이야. 보다시피 좀 예쁘지.

예쁘다 보니 어디서나 사랑을 받지, 헤헤.

그런데 나 요즘 고민거리가 생겼어.

바로 얘야. 이름은 정소라. 나이는 열두 살. 연년생인 내 언니지.

야, 너 내 뒤에서 뭐해? 저리로 안 가?

봤지? 얘가 요즘 이렇게 괜히 신경질을 부린다니까. 나처럼 예쁜 애가 이런 취급을 받는 게 말이나 돼?

너 뒤에서 뭐 하고 있는지 다 안다. 까불지 말고 가라.

이것 좀 보라고. 예민하기가 유리 같지?

그런데 더 화가 나는 건 엄마의 태도야.

146

언니 자꾸 성가시게 하지 말고 들어가 공부나 해.

내가 뭘? 언니가 괜히 성질내는 거라고. 엄마는 알지도 못하면서.

이것 보라고. 엄마는 무조건 언니 편을 든다니까. 더 화가 나는 건 며칠 전이었어.

지나가다 어깨를 좀 건드렸다고 막 신경질을 내는 거야. 일부러 그런 것도 아닌데 말이지.

엄마, 언니 정말 못됐어. 실수로 어깨 좀 건드렸다고 저 난리야.

소라야, 엄마랑 얘기 좀 할까?

흥, 엄마한테 혼 좀 나 보라지.

무슨 얘기를 저리 소곤소곤 하지?

??

소리가 하나도 안 들리네. 아, 궁금해.

?

어라, 쟤 또 뭐가 좋아서 저런대?

엄마, 대체 언니랑 무슨 얘기를 한 거야?

넌 올라도 돼.

아, 뭔데 뭔데? 왜 나만 빼놓고 언니랑만 그러는데?

넌 무슨 애가 그렇게 궁금한 게 많아? 알았다 알았어. 앉아 봐.

언니는 이제 사춘기에 들어섰단다. 사춘기가 뭔지 아니?

사춘기?

어른이 될 준비를 하는 거야. 이때는 몸도 마음도 많이 달라진단다.

우선 몸이 달라지는데, 가슴이 커지고 엉덩이도 커진단다.

엄마처럼?

그래! 그리고 한 달에 한 번씩 월경을 시작해. 아기 낳을 준비를 하는 거지.

아기를? 언니는 아직 초등학생인데 아기를 낳는다고?

지금 당장이 아니라 준비를 한다는 거지.

몸이 변하면서 마음도 달라진단다. 그래서 언니가 요즘 기분이 이랬다저랬다 하는 거야.

그렇다고 막 화를 내는 건 옳지 않아요.

이제 언니도 자신이 왜 그러는지 알았으니까 전처럼 화를 내고 그러진 않을 거야. 그리고 누구나 겪는 일이니까 우리도 그런 언니를 이해해 주자.

네. 엄마.

엄마가 될 준비를 하는 사춘기!

남자아이들과 마찬가지로 여자아이들도 일정한 나이가 되면 사춘기가 찾아와요. 여자아이들에게 사춘기라는 것은 성숙한 아가씨가 되는 준비 기간이며 또한 신체적으로는 엄마가 될 채비를 마치는 시기예요. 사춘기가 오면 먼저 여자아이들은 가슴이 커져요. 엉덩이도 전보다 크고 동글해지며, 몸 여기저기에 털이 나기 시작하지요. 소녀에서 성숙한 숙녀의 모습으로 변하는 시기랍니다. 그리고 13~14세 무렵 첫 월경을 시작해요. 첫 월경을 시작한 뒤에는 한 달에 한 번씩 월경을 하는데, 그 이유는 한 달에 한 번씩 자궁에서 난자를 만들어 내기 때문이에요.

사춘기의 여자아이들

여자들은 왜 월경을 하나요?

월경은 다른 말로 생리라고도 해요. 성인 여자가 주기적으로 일정한 기간이 되면 자궁에 쌓였던 영양분들이 3일에서 6일 동안 핏덩어리 형태로 몸 밖으로 나오는 걸 말해요. 처음 월경을 시작한 여학생들은 불편하거나 창피해 하는 경우도 있지만, 건강한 여성인 경우 약 11-15세가 되면 누구나 겪는 자연스러운 일이랍니다. 이것은 엄마가 될 신체를 갖춘 거예요. 성숙한 여성의 몸에서는 약 28일마다 난자가 하나씩 만들어져요. 이때 자궁의 내막은 아기가 생길 때를 대비해 평상시보다 두꺼워져요. 아기를 키울 준비를 하는 거예요. 그러나 이때 만들어진 난자가 정자를 만나 수정되지 못하면, 두꺼워진 자궁의 내막은 피와 함께 밖으로 배출된답니다. 이것을 월경이라고 하지요.

여자아이들이 월경을 시작했다는 것은 엄마가 될 준비가 되었다는 뜻이에요.

사람들은 언제까지 키가 클까요?

　엄마 뱃속에서 태어난 갓난아기는 매일매일 무럭무럭 자라요. 특히 신생아 때는 하루에 몸무게가 30그램씩 늘어나기도 하지요. 그런데 키와 몸무게가 평생 늘어나는 것은 아니에요. 보통 키는 여자는 18세, 남자는 20세까지 자라고 멈추지요. 그렇다면 우리나라 사람들의 평균 키는 얼마나 될까요? 2002년의 통계에 따르면, 우리나라의 경우 여자의 평균 키는 160.9센티미터예요. 반면에 남자는 여자보다 좀 더 크지요. 역시 2002년의 통계를 기준으로 했을 때, 남자들의 평균 키는 173.3센티미터랍니다.

10개월 동안의 뱃속 여행

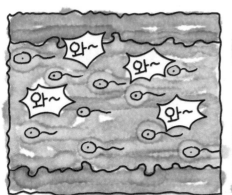

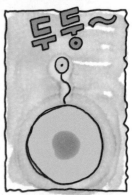

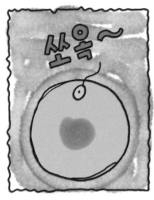

가장 잘난 놈 하나만 성공하는 더러운 세상!

우리 옷까지 행복하게 살아 줘. 꼴까닥!

이렇게 내 짧은 생은 끝나고 마는구나. 꼴깍!

난 정자와 난자가 만나 만들어진 수정란이야. 자, 자궁에 잘 내려 앉았으니 이제 아기로 자라야지.

어느덧 3주가 지났어. 생김새가 좀 그렇지만 40억 년 동안의 진화를 속성으로 경험하는 거라 생각해.

세월 참 빨라. 벌써 5주가 되었어. 지금쯤 엄마가 뱃속에 내가 생긴 걸 알 거야.

갑자기 웬 헛구역질이람. 웩 웩

혹시 임신?

어머 어머, 아기가 생겼어!

내가 엄마가 되는 거야?

두 줄

내가 생긴 지 2개월째야. 엄마는 날마다 입덧 때문에 잘 먹지도 못하지만 난 무럭무럭 자라고 있지, 헤헤헤.

벌써 3개월째네. 이것 좀 봐. 지문이 생겼어.

거기다 헤엄도 칠 수 있어. 박태환과 겨뤄도 이길 정도의 실력이지, 크크크.

이제 4개월째야. 좀 창피한 일인데, 나….

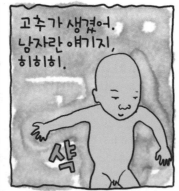

고추가 생겼어. 남자란 얘기지, 히히히.

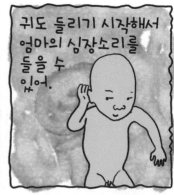

귀도 들리기 시작해서 엄마의 심장소리를 들을 수 있어.

입덧이 가라앉으니 좀 살겠네.

와구 와구

임신 5개월째, 입덧이 사라져서 엄마가 마구 음식을 먹어대지. 엄마, 그러다 돼지 되겠어요.

쿠웅 파앙

어어, 이 녀석이 엄마 배를 차네.

쿠웅

벌써 6개월째. 이젠 바깥에서 나는 소리도 다 들려.

달그락 달그락
쿵쾅쿵쾅
딩동댕동
뛰뛰빵빵

잘 자라 우리 아가! 앞뜰과 뒷동산에~

아빠는 정말 음치로군. 오, 제발 멈춰 줘.

내가 생긴 지 7개월째! 제법 덩치도 커지고 피부에 배내털도 자랐어.

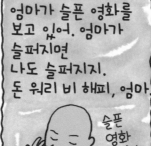

엄마가 슬픈 영화를 보고 있어. 엄마가 슬퍼지면 나도 슬퍼지지. 돈 워리 비 해피, 엄마.

슬픈 영화 미워!

어느덧 8개월째로군. 점점 머리가 좋아져서 지금은 아인슈타인의 상대성 이론에 대해 생각중이야.

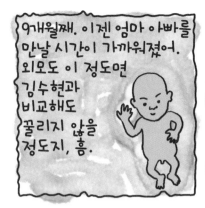

9개월째. 이젠 엄마 아빠를 만날 시간이 가까워졌어. 외모도 이 정도면 김수현과 비교해도 꿀리지 않을 정도지, 흠.

10개월째이니 이제 엄마와 아빠를 만나러 가 볼까.

자, 세상을 향해, 출발!

한 걸 음 더

정자와 난자가 만나는 수정!

새로운 생명이 만들어지려면 남자의 몸 안에 있는 정자가 여자의 몸 안에 있는 난자와 만나야 해요. 정자와 난자는 사춘기가 지나 우리 몸이 성숙해지면 만들어지지요.

여자는 한 달에 한 번 난자를 만들어요. 한편, 남자는 고환이라는 정소에서 정자를 수시로 만들지요. 정자는 정액 속에 들어 있으며, 정액이 한 번 나올 때마다 수억 개의 정자가 함께 배출된답니다. 이렇게 수많은 정자들이 여자의 몸속으로 들어가서 난자와 만나면 '수정'이 되지요. 수정은 한 개의 정자와 한 개의 난자가 만나서 되는데, 수많은 정자가 여자의 몸 안에 들어가도 난자와 만날 수 있는 것은 한 개의 정자뿐이랍니다.

정자

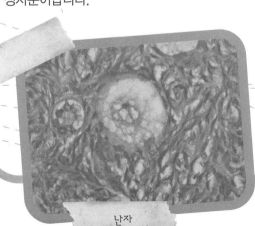

난자

아기는 엄마 뱃속에서 얼마나 있나요?

　정자와 난자가 만나 '수정'이 된 것이 바로 아기로 자랄 수 있는 수정란이지요. 수정란은 엄마의 자궁벽에 무사히 자리잡으면 40주 동안 엄마 뱃속에서 자라나 아기로 태어나지요. 처음엔 약 1센티미터의 키, 1그램의 몸무게로 겨우 머리와 몸통 정도만 구분할 수 있어요. 8주째 들어서면 머리와 몸통이 뚜렷해지고 눈, 코, 입, 귀 등이 생겨나요. 12주째가 되면 성별을 구분할 수 있으며 손가락과 발톱이 생겨요. 20주째 들어서야 머리카락과 손톱과 발톱이 자라고 비로소 움직일 수 있답니다. 32 주째가 되면 키가 약 40센티미터, 몸무게 1.5킬로그램 정도까지 자라며, 40주째가 되면 약 50센티미터, 몸무게는 약 3킬로그램까지 된답니다. 마침내 세상 밖으로 나올 준비가 된 거예요.

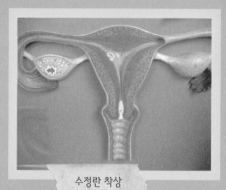

수정란 착상

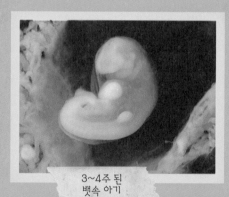

3~4주 된
뱃속 아기

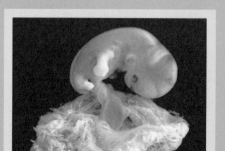

6~7주 된
뱃속 아기

8주 된
뱃속 아기

태어날 아기의 성별은 어떻게 결정이 되는 걸까요?

정자와 난자에는 각각 23개의 염색체가 들어 있어요. 그 염색체 가운데 성을 결정하는 성염색체가 들어 있어요. 난자는 성염색체로 모두 큰 X염색체를 가지고 있지만, 정자는 어떤 것은 성염색체로 큰 X염색체를 어떤 것은 작은 Y염색체를 가지고 있지요. 그래서 난자와 정자가 만나면 XX가 되거나 XY가 되지요. 이때 XX를 가지게 되면 여자가 되고, XY를 가지게 되면 남자가 되는 거랍니다. 즉 처음 수정될 때, 난자가 X염색체를 가진 정자를 만나면 여자가 되고, Y염색체를 가진 정자를 만나면 남자가 되는 거예요.

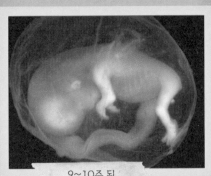

9~10주 된
뱃속 아기

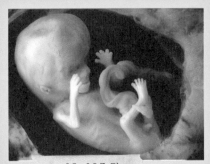

10~12주 된
뱃속 아기

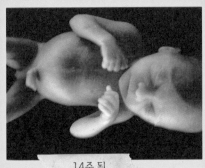

14주 된
뱃속 아기

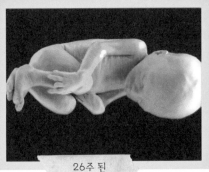

26주 된
뱃속 아기

26. 수면 (잠)

누명 쓴 도날드

엄마는 커피를 토스트와 함께 드시는데, 토스트를 안 구운 걸 보면 엄마는 아니실 테고.

그렇다면? 이걸 그냥 확!

감히 내 커필 넘 봐?

쾅

앗 뜨거!

내 이럴 줄 알았다. 내 커피는 왜 훔쳐 먹은 거야?

누나 커피라고? 그게 왜 누나 커피야?

내가 늘 올래 먹던 커피니까 내 커피지!

자꾸 이러면 그동안 누나가 엄마 올래 커피 훔쳐 먹은 거 다 고자질해 버린다!

동생한테 침까지 뱉겠다고?

고자질해라. 그래 봤자 하늘 보고 침뱉기지?

이 바보야. 날 고자질하면 너도 함께 들통난다는 뜻이야.

어휴, 내일 시험 망치면 다 네 탓인 줄 알아!

헐~

왜 또 온데?

야, 벼락치기라도 해라. 1등 누나에 꼴찌 동생이라니, 쌍둥이 맞느냐고 놀림 받는 것도 지겨워!

딱 9초 먼저 태어났으면서 누나는…, 흥!

그러게 너도 딱 9초 먼저 태어나시지 그랬니?

키도 나보다 작은 게 누나라고? 하지만 공부는 나보다 잘한단 말이야. 끄으~응!

그래도 오늘은 커피 덕에 머리가 맑아져서 내일 시험을 잘 볼지도 몰라.

그런데 왜 이렇게 졸리지?

자연 안 되는데….
자연 안 되는데….
자연 안 되는데….
ZZZ

떼딩 똥
떼딩 똥

아, 시끄러워서 잠을 못 자겠네.

띵동
띵동

누구야, 도대체?

멍! 멍! 멍!

오밤중에 무슨 일이지? 이웃집에 무슨 강도라도 들었나?

경찰관님! 무슨 일이세요?

도날드 씨! 당신을 커피 도둑으로 체포합니다!

철컥!

난 아니야. 커피 한 잔 때문에 도둑이 될 수는 없어!

버둥
버둥

난 아니야. 커피 도둑이 아니야. 억울해.

버둥
버둥

살려 줘! 엄마 다신 커피 안 먹을게요.

야, 일어나! 내 커피 뺏어 먹고 잠만 자다니.

"버둥 버둥"

160

우리에게 꼭 필요한 잠

우리는 하루에 보통 8시간 이상 잠을 자요. 즉 하루의 3분의 1 이상을 자는 거지요. 따라서 우리가 90세까지 산다면 30년 이상을 잠에 빠져 있다고 할 수 있어요. 사람들이 너무 많은 시간을 잠자는 데 소비하는 것 같나요? 그래서 잠자는 시간이 아깝다고요? 하지만 잠은 우리가 생활하는 데 꼭 필요한 일 중 하나예요. 만약 잠을 충분히 자지 않으면 피로가 쌓여서 일을 제대로 할 수 없어요. 또한 충분히 휴식을 취하지 않으면 몸의 저항력이 약해져 쉽게 병에 걸리거든요. 게다가 우리가 자는 동안 우리 몸도 무럭무럭 자라게 해 준답니다. 그러니까 잠은 꼭 필요해요.

잠 자는 아기

사람들은 왜 꿈을 꿀까요?

사람은 누구나 꿈을 꾸어요. 그 이유에 대해서는 아직 과학적으로 정확히 밝혀진 것은 없어요. 그렇지만 왜 그런지 밝혀 내려고 연구하는 학자들이 많아요. 어떤 학자들은 마음 속에 있는 불만을 없애기 위해 꿈을 꾸는 것이라고 생각하고 있어요. 평소에 하고 싶었던 일들을 꿈속에서는 마음대로 할 수 있으니까요. 오랜 시간 꿈을 꾸지 않은 사람들은 신경이 날카로워지거나 이상한 행동을 하기도 한다는 연구도 있어요. 생각보다 꿈이 중요한 역할을 하는 것 같지요? 어떤 과학자들은 이렇게 주장하기도 해요. 꿈은 하루 동안 있었던 일을 다시 정리하기 위한 것이라고요. 또 자면서 들리는 여러 가지 주변의 소리나 느낌에 따라 그것에 맞는 꿈을 꾸기도 한대요. 어떤 이론이 맞는지 한번 연구해 보고 싶지 않나요?

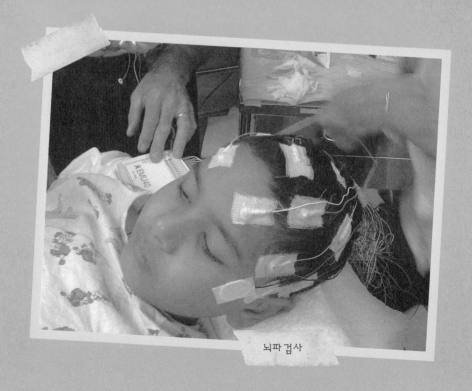

뇌파 검사

커피를 마시면 왜 잠이 안 올까요?

엄마 몰래 커피를 마셔 본 친구들이라면, 희한하게도 밤에 잠이 잘 안 와서 고생한 기억이 한두 번쯤 있을 거예요. 그건 바로 커피 속에 들어 있는 카페인이라는 물질 때문이에요. 카페인은 우리 몸속에 들어와 신경을 흥분시키는데, 그러면 신경이 활발하게 움직여서 잠이 오지 않는 거예요. 사실 카페인을 적당히 섭취하면 기분이 좋아지기도 한대요. 그러나 너무 많이 먹으면 머리가 아프고 중독이 되는 등 여러 가지 부작용이 생기기도 해요. 카페인은 커피뿐만 아니라 녹차, 홍차, 콜라 속에도 많이 들어 있어요.

커피

장수마을 탐방기

원 사람들이 저렇게 많이 몰려왔디야?

시청자 여러분, MBS 방송의 기자 전허약입니다.

저는 우리나라 최고의 장수마을 앞에 나와 있습니다. 이 마을엔 장수하시는 할아버지, 할머니가 유난히 많은데요.

최고령인 111세의 이함박 할머니까지 사신다고 하는데 그 비결은 과연 무엇일까요?

저 똥개 왜 저래?

나도 솔찬히 늙었는디, 나헌티 물어 봐.

멍 멍

산 좋고 물 좋은 자연 환경 때문일까요? 이 마을에서 처음 만나는 어르신을 인터뷰 해보겠습니다.

우아, 저 할아버지 엄청 빠르다!

바, 바로 저거얏! 어르신, 잠깐만요.

164

나참 바쁜데 누가 날 부르는 겨?

어르신~, 잠깐만요.

저는 MBS방송의 전허약 기자입니다. 실례지만 성함이랑 올해 연세가 어떻게 되시나요?

아이고 숨차!

이름은 김장사이고, 올해 아흔여섯 살이여.

아흔여섯 살이요? 저는 60대이신 줄 알았어요.

젊은 양반이 농담도 잘하셔. 하긴 내가 좀 젊어. 식스팩에 동안이라는 소리를 하도 들었더니 인젠 좀 지겹다니께.

아~ 예.

너무 띄워 드렸나?

할아버지, 장수 비결을 여쭤 봐도 될까요?

그야 자전거 덕이지. 난 평생 자전거를 탔어. 자전거 타고 어디든 가고, 또 시원한 나무 그늘에서 역기를 하지. 함 보여 줄까?

번쩍!

번쩍!

네. 높은 연세에도 젊고 건강하게 사시는 비결은 운동이었군요. 이번에는 할머니 한 분을 모셔 보겠습니다.

할머니, 정말 젊어 보이는데 연세가 어떻게 되십니까?

올해 91세유. 이름은 나예쁜이구유.

헉! 이름까진 안 물어 봤는데…

어르신! 이 연세에도 예쁘고 건강한 비결이라도 있으세요?

뭐라구? 내가 나이가 많다구? 마음은 열일곱인디?

놀랐재? 사실은 스무살이라고 생각혀. 동네 할아버지들도 다 그렇게 얘기혀.

그게 아니오라....

네. 긍정적인 사고 방식이 장수의 비결이었군요. 이번에 111세, 우리나라 최고령 할머니를 찾아 가겠습니다.

생선 좀 남겨 주시지....

야옹 야옹

어르신! 인터뷰 좀 부탁 드려도 될까요?

안 돼유. 지금은 식사 시간이라우. 기자 양반도 같이 식사하고 인터뷰 하시지요?

괘, 괜찮습니다. 할머니 식사 끝날 때까지 기다리겠어요.

어머니! 오늘도 식사 시간은 칼같이 지켜 드렸죠? 오래오래 천천히 드세요.

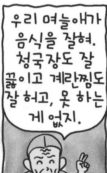

우리 며늘애가 음식을 잘혀. 청국장도 잘 끓이고 계란찜도 잘 허고, 못 하는 게 없지.

...

...

과연 오늘 안에 인터뷰 할 수 있을까? 배도 고픈데, 밥에 김치 하나 올려서 먹으면 소원이 없겠네. 아흑!

그러지 말고 기자 양반도 와서 드시지요.

네~

아하! 함박꽃처럼 웃으셔서 성함이 이함박이구나. 오래 사시는 이유가 여기 있었어.

장수마을 최고령 할머니의 장수 비결은 바로 규칙적인 식사와 신토불이 음식, 가족간의 사랑! 이것들은 평범하지만 현대인이 되찾아야 할 것들이기도 합니다.

우리 몸에 좋은 건강한 습관!

　　우리 몸을 건강하게 유지하기 위해서는 무엇이 필요할까요? 가장 기본적으로 올바른 식습관, 꾸준하고 규칙적인 운동, 적당한 수면 등이 필요해요. 올바른 식습관은 어렵지 않아요. 먼저 인스턴트 음식보다는 신선한 재료로 올바르게 조리한 슬로 푸드와 맵고 짠 자극적인 음식보다는 싱거운 음식을 먹는 게 건강에 좋아요. 운동도 무리하거나 한꺼번에 몰아서 하는 것보다 매일 조금씩 하는 것이 좋답니다. 그리고 적당한 수면을 취하는 거예요. 지나친 수면도 건강에 해롭지만 부족한 수면도 건강에 해로워요. 하루에 8시간 정도가 적당하답니다.

운동하는 사람들

당신은 건강한 사람인가요?

우리는 어떤 사람을 건강한 사람이라고 할까요? 무엇보다 몸에 별다른 이상이 없고, 정신이 올바른 사람을 건강한 사람이라고 해요. 의사들은 다음과 같은 조건의 사람들을 '건강한 사람'으로 꼽았어요. 과연 어떤 조건일까요?

첫째, 하루 동안 무리 없이 자신의 할 일을 한다.

둘째, 신체가 별다른 이상 없이 성장한다.

셋째, 적당한 식욕과 올바르게 음식을 먹는다.

넷째, 치료를 받아야 할 질병이 없다.

다섯째, 올바른 자세를 유지한다.

우리 몸을 건강한 상태로 유지하는 것은 그리 어렵지 않아요. 잘 먹고 잘 자고 적당한 운동을 하는 것이지요.

장수하려면 '신토불이' 음식으로!

우리 조상들이 건강을 유지한 최고의 비결 중의 하나는 '신토불이'예요. 신토불이 란 '몸과 땅은 서로 다르지 않다.'는 한자어로, 자기가 사는 땅에서 나온 것이 제 몸 에 알맞다는 말이지요. 요즘 '잘 먹고 잘 살자.'는 뜻인 웰빙과도 통하는 말이지요. 웰빙을 실천하는 사람들의 식단은 의외로 소박해요. 된장이나 청국장, 김치 등의 전 통 음식과 각종 채소로 만든 음식이지요. 외국에서 들여온 기름진 음식을 많이 먹은 어린이들이 성인병에 잘 걸리는 걸 보면 전통 음식, 신토불이 음식이 얼마나 좋은지 알 수 있 답니다.

김치

된장

청국장

꾀병

어! 왜 이렇게 빈 자리가 많아?

듀이야, 옆 반 지미도 아폴로눈병에 걸렸대. 며칠씩 학교도 안 와.

좋겠다!

우리도 뭔가 해야 해.

맞아, 맞아!

난 후추를 눈에 뿌릴래. 그럼 누구라도 속을 거야.

후추는 너무 매워. 난 비누로 할래.

그걸로 되겠어? 눈물엔 뭐니 뭐니 해도 양파지.

눈물엔 뭐니 뭐니 해도 양파지.

점심시간에 옥상으로 모여 거사를 치르자.

이걸 어떻게 구했어?

식당 아주머니께 몇 개 얻어 왔지. 과학 시간에 쓴다고 했더니 바로 주시던걸.

오케이! 자, 하나 둘 셋 하면 이 생양파를 눈에 비비는 거야.
꿀꺽!

몇 시간 후 양호실.
들어와요.
똑똑 똑똑

선생님, 눈에서 눈물이 철철 나요.

선생님, 눈이 따가워서 죽겠어요.

눈이 빨갛게 충혈됐어요.

이 녀석들이 바로 말썽 대장 세 쌍둥이!

음, 오늘은 또 무슨 꿍꿍이지?

아무래도 저희 셋이 아폴로 눈병에 걸린 것 같아요.

아폴로 눈병에 걸렸다고? 누가 니들 꼼수를 모를 줄 알고? 어서 교실로 돌아가!

선생님! 눈이 가렵고 아프고 열이 나요. 세균들이 마구 돌아다니나 봐요.

그래? 가짜 세균도 열이 나게 할 수 있는지 어디 체온 좀 재 볼까?
헉! 모든 꾀병을 알아낸다는 공포의 손바닥!

진짜로 열이 있네. 하지만 너희들 거짓말이 어디 한두 번이냐?

이번만은 믿어 주세요. 저희 때문에 다른 친구들까지 모두 전염병에 걸리면 어떡해요.

아무래도 꾀병 같지만 이렇게 눈이 충혈되어 있으니. 그래, 집에 가거라.

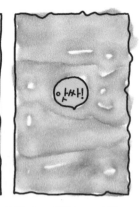

앗싸!

꾀병으로 조퇴한 날 저녁, 병원.

안아픈병원

물로 씻으면 된다고 했잖아.

나도 씻기만 하면 될 줄 알았지. 누가 진짜로 눈병이 날 줄 알았냐?

주사가 좀 아프단다. 눈병이 워낙 독해서 말이야.

핫! 주사?

으푹!

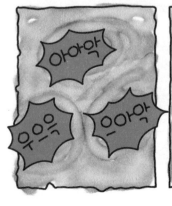

아아악

우으윽

으아악

그러게 더러운 손으로 눈을 비비면 안 되는 거란다.

아악! 놀지도 못하고, 아픈 주사까지….

보이지 않아서 더 무서운 세균

우리가 여러 가지 질병에 걸리는 가장 큰 이유는 세균 때문이에요. 결핵이나 콜레라, 폐렴 같은 질병이 대표적인 세균이에요. 그런데 세균은 너무 작아서 눈에 보이지도 않아요. 이렇게 작은 세균들이 우리 몸 구석구석 들어와 자라면 우리는 여러 가지 질병에 걸리는 거랍니다. 그런데 이런 세균으로부터 몸을 지키는 방법은 의외로 아주 간단해요. 바로 손을 깨끗이 씻는 거예요. 특히 음식을 만들 때는 더더욱 깨끗이 손을 씻어야 해요. 한번 음식에 붙어 버린 세균은 번식이 무척 빠르거든요.

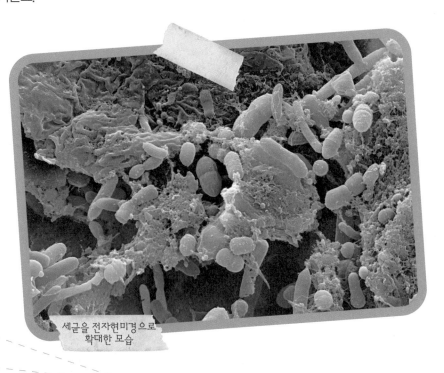

세균을 전자현미경으로 확대한 모습

왜 병에 걸리는 걸까요?

건강하게 오래 사는 것이 사람들의 가장 큰 소망이에요. 그럼에도 불구하고 많은 사람들은 병에 걸려 고통스럽게 살거나 병으로 인해 죽기도 해요. 우리 몸의 기능에 고장이 나서 몸의 여러 부분이 정상적으로 움직이지 못하는 상태를 병이라고 말해요. 그런데 왜 병에 걸리는 걸까요? 가만히 살펴보면 우리 주변에는 우리를 병들게 하는 것들이 얼마든지 있어요. 몹시 춥거나 더운 날씨에 놓였을 때, 더러운 환경에 접했을 때, 바이러스나 세균이 우리 몸에 들어왔을 때 병을 일으키기도 하지요. 또 갑작스런 사고나 불규칙한 생활, 좋지 않은 생활 습관으로 병이 들 수도 있어요.

감기는 바이러스가 우리 몸에 들어와 일으키는 병이에요.

병에 걸리면 왜 몸에 열이 날까요?

감기나 폐렴 등에 걸리면 몸에서 많은 열이 나지요. 우리는 열이 나면 아픈 것으로 생각하는데, 사실 열이 나는 이유는 우리 몸을 지키기 위한 우리 몸의 반응이에요. 세균이나 바이러스가 우리 몸에 들어오면 독소를 만드는데, 이 독소가 많아지면 우리 뇌에서 체온을 조절하는 중추 신경이 자극을 받아 체온이 올라가는 거예요. 이게 바로 열이 나는 거지요. 또 세균이나 바이러스와 맞서 싸우는 백혈구도 체온을 높이는 물질을 만들어요. 몸의 온도를 높여서 세균과 바이러스의 활동을 막으려는 거예요. 하지만 체온이 너무 심하게 올라가면 우리 몸이 더 위험해질 수 있어요. 이럴 때는 해열제를 먹어 몸의 온도를 낮추어야 다시 건강해질 수 있답니다.

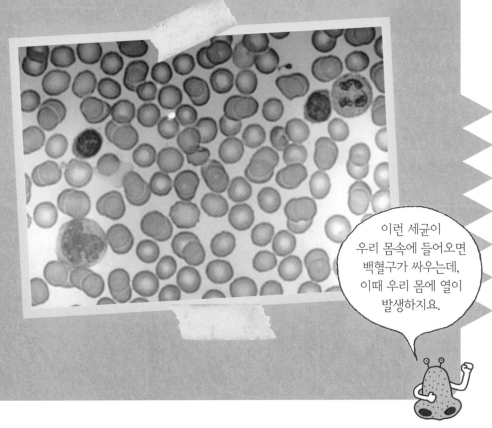

이런 세균이 우리 몸속에 들어오면 백혈구가 싸우는데, 이때 우리 몸에 열이 발생하지요.

승민이의 눈물

승민이네 학교.

엉엉엉!
할머니~!

승민아! 방금 집에서 전화가 왔는데, 할머니께서 쓰러지셨대. 어서 가 보렴.

후다닥

할머니, 돌아가시면 안 돼요!

엉엉엉

승민아! 오늘은 떡꼬치 안 사…? 앗! 벌써 가 버렸네. 집에 무슨 일이라도 있나?

쌩~

왜 벌써 집에 가니? 뭐 필요한 건 없고? 근데 왜 운다냐?

어, 승민이네! 할머니는 안녕하시냐?

할머니가 쓰러지셨대요. 흑흑 흑~!

저런, 건강이 좀 안 좋으시다더니. 얼른 가 보거라.

애야! 이 손수건 가져가거라. 사나이가 눈물을 흘리면 안 되지.

응? 그냥 가네.

그렇게 건강하시고 멋쟁이셨던 분이…!

사나이가 눈물을 흘리면 안 된다며 내가 울고 있네.

흥~

승민이 할머니가 입원한 병원 수술실.

수술중

수술중

째깍 째깍

병원 냄새는 정말 싫어!

엄마~

쿵 쿵 쿵

엄마, 어떻게 된 거예요?

오늘 아침에 욕실에서 나오시다가 또 쓰러지셨어.

사나이는 울면 안 되는데….

수술중

이번엔 아주 심각하대. 지금 수술중이시란다.

흐윽, 할머니 잘못되시면 어떻게 해요. 흑흑!

울지 마. 아빠도 저렇게 울지 않으시잖니? 아무 일 없을 거야.

177

오빠! 할머니 수술하면 죽어?

죽는 게 아니고 돌아가시는 거지, 이 바보야! 그리고 할머니는 절대 안 돌아가셔!

그런데 오빤 또 왜 울어?

작년 여름, 신호등이 바뀌길 기다리는 승민과 친구.

어! 저기 니 짝꿍 지연이다.

건너편 에고, 젊은이 나 길 좀 건네 주구랴.

승민아! 저기 네 할머니 아니니?

에고, 승민아~!

올라. 내가 알 게 뭐야.

핵!

야, 어디 가? 같이 가.

나 어디 갈 데가 생겼어. 너 먼저 가!

후다닥

엄마, 할머니가 나 때문에 이렇게 되신 거예요?

승민아, 그게 무슨 소리니?

작년에도 할머니가 나 때문에 길을 잃으셨잖아요.

이번에 할머니 깨어나시면 잘해 드리렴!

나이가 들면 수명을 다하는 생명!

불로초를 구하고, 죽지 않으려고 기를 쓰는 왕들의 이야기를 들어 본 적이 있을 거예요. 하지만 어떤 노력을 하더라도 죽음을 피하고, 영원히 살 수는 없어요. 따라서 지구상의 모든 생물은 언젠가는 죽어요. 그런데 생물에 따라서 수명은 정말 달라요. 알을 낳자마자 죽는 생물도 있고, 수백 년 동안을 살다가 죽는 나무도 있지요. 사람도 마찬가지여서 세상에 태어난 뒤에는 반드시 죽게 되지요. 그런데 사람은 평균적으로 얼마나 살까요? 2002년 자료에 따르면, 우리나라 남자의 평균 수명은 73.4세, 여자는 80.4세라고 해요. 여자들이 평균적으로 남자보다 7년 정도를 오래 사는 셈이지요.

나이가 들면 몸의 기능이 약해져요.

노화가 뭐예요?

아기가 태어나면 눈에 띄게 부쩍부쩍 자라지요. 성장기가 되면 해마다 눈에 띄게 달라질 정도로 키나 몸무게가 자라요. 그렇지만 성장기를 지나 어른이 되고 나면 키나 몸무게는 거의 크거나 늘지 않아요. 오히려 몸은 조금씩 약해져서 나중에는 일생을 마칠 준비를 해야 되지요. 이처럼 나이가 들면서 몸의 구조와 작용이 조금씩 약해지는 걸 '노화'라고 불러요. 노화는 몸과 뇌 중 어느 쪽이 먼저 올까요? 몸이 먼저 약해져요. 할머니 할아버지를 떠올려 보세요. 정신은 말짱한데 몸의 움직임이 둔해지는 걸 알 수 있죠? 먼저 팔다리 같은 운동 기관의 힘이 약해지고, 뇌와 같은 신경 기관이 그 다음 약해지지요. 노화는 누구나 피할 수 없는 일이지만, 규칙적인 운동과 올바른 식생활을 하면 노화가 빨리 오는 걸 조금이나마 막을 수 있답니다.

아기 때는 부쩍부쩍 자라요.

성장기의 청소년들도 해마다 눈에 띄게 성장해요.

심장이 뛰는 것을 멈추면 어떻게 될까요?

'사람이 죽었다.'는 것은 무엇으로 알 수 있을까요? 심장이 뛰는 것을 멈추면 일반적으로 죽었다고 생각해요. 왜 그럴까요? 심장은 우리 온몸 구석구석에 피를 보내 몸속의 여러 기관이 제대로 움직이도록 산소와 영양을 전달해 주거든요. 우리는 공기 중의 산소가 없다면 잠시도 살 수 없을 거예요. 심장이 멈춰 20분간 뇌에 산소를 전달하지 못하면 뇌도 결국 죽고 말아요. 또 심장이 멈추고 나면 몸속에 피가 공급되지 않아 서서히 썩어 가지요. 이런 이유 때문에 심장이 멈추면 죽었다고 말해요. 그런데 이와는 다른 경우도 있어요. 간혹 사고를 당해 심장은 뛰는데도 뇌는 못 쓰게 되는 경우가 있어요. 이런 경우는 '뇌사'라고 불러요.

성인이 되면
성장이 멈춰요.

나이가 들면 몸의
구조와 작용이 약해지는
'노화'가 일어나요.

복제 인간들의 반란

뚝딱 뚝딱 데리리리~ 탁탁탁

네이트, 내려와! 밥 먹어라.

탁탁탁 뚝딱 뚝딱

조금 있다 내려갈게요~.

데리리리~

당장 안 먹으면 그릇 치워 버린다!

내 밥그릇도 치워 버리면 큰일이지. 얼른 내려가야징!

처음이니 세 명만 만들어 보자. 나중에 필요하면 더 만들면 되니까.

1호는 세계 최고의 축구선수, 2호는 세계 최고의 요리사, 3호는 세계 최고의 가수로 만드는 거야. 히히~!

하고 싶은 일은 무지 많은데, 연구하는 데만 시간이 부족하단 말이야.

하루는 24시간. 그런데 내가 네 명이 된다면 96시간이 주어지는 거란 말야. 히히~!

재깍 재깍 재깍

재깍 ZZZ 재깍

야호! 성공이다, 성공!

아이 깜짝이야, 누가 누굴 깨우는 건지, 원!

별일이야, 만날 연구만 하더니 오늘은 요리까지 하네!

두둥! 오늘의 요리는 무엇을 기대해도 기대 이상일 것임. 으하하~!

오늘 무슨 날인가? 우훗! 맛있는 냄새. 네이트랑 조기 축구 가기 전에 밥부터 먹어야겠군!

앗! 어제는 운동장을 휘젓고 다니더니 오늘은 요리를?

제가요? 전 아침잠도 많고 축구의 축자도 모르는데요.

여보, 무슨 소리예요. 네이트는 어제 밤을 꼴딱 새워서 연구만 했거든요?

아니야. 어제 새벽엔 나와 '위대한 탄생'에 갔었어요.

도대체 뭐가 뭔지 알 수가 없네!

아아~, 그 사람들은 네이트예요.

그 사람들이라고? 네이트는 너잖니?

그 사람들은 내가 아니고 다른 네이트들이라니까요.

다른 네이트?

네이트가 또 있다고?

제가 설명해 드릴게요.

"쿵" "쾅" "쿵" "쾅"

두둥

엄마, 아빠! 놀라셨죠? 어떻게 된 거냐면….

안 그래도 너한테 할 말이 있었어. 위층으로 올라가자!

웅성웅성

누가 진짜 네이트야?

헐~, 네이트가 네이트에게 할 말이 있다네.

엄마, 아빠 제가 올라가 볼게요.

그건 내가 할 대사인데, 니가 뭐라고 함부로 나서?

나? 네이트지, 누구긴 누구야.

어떻게 니가 네이트야? 진짜 네이트는 나고 넌 복제 네이트일 뿐이야.

나에게도 인격이 있어.

내가 진짜 네이트야!

진짜는 바로 나라고? 이건 반란이야.

누가 진짜인지 네이트들끼리 얘기를 해 보자고.

참나! 누가 할 소릴….

헐~!

인간 게놈 프로젝트

'게놈(genome)'은 유전자(gene)와 염색체(chromosome)를 합친 말로, 생물에게 필요한 유전자의 정보를 말해요. '인간 게놈 프로젝트'는 1990년 미국을 중심으로 영국과 일본, 그리고 프랑스 등 15개 국이 함께 모여 실시한 연구의 이름이에요. 어떤 유전자가 어디에 존재하는지를 알아내기 위한 연구였지요. 이 연구로 정상인과 비정상인의 DNA의 염기 서열을 비교해 질병을 일으키는 유전적 결함을 발견할 가능성이 높아졌어요. 또 일부 질병의 잘못된 유전자를 치료해 줌으로써 인간이 더 건강하게 오래 살 수 있는 길이 열리기도 했답니다.

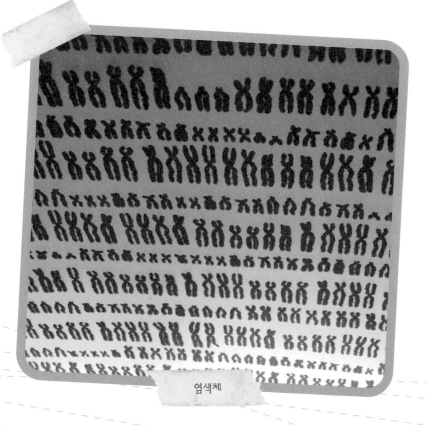

염색체

세계 최초의 복제 개, 스너피

　2005년, 서울대학교 수의대 연구팀은 세계 최초로 '스너피'라는 복제 개를 탄생시켰어요. 또 2006년엔 암캐인 '보나'를 스너피와 같은 체세포 복제 방식을 통해 출산에 성공하였답니다. 최근엔 복제된 스너피와 보나의 자연 교배를 계획하고 있다고 해요. 만약 성공한다면 복제 개들의 2세가 태어나게 되는 거예요. 그러나 동물 복제는 난치병 치료 등 인간이 가진 질병을 치료하는 데 도움이 되겠지만, 한편으로는 동물 복제 과정에서 희생당하는 동물이 많기 때문에 반대하는 사람들도 많아요.

복제 개 스너피

인간 복제를 바라보는 다양한 관점

과학자들은 여러 가지 목적으로 인간 복제에 대한 연구를 하고 있어요. 하지만 인간에 대한 복제에 대해서는 여러 분야에서 다르게 바라보고 있어요. 종교적 관점에서, 윤리적 관점에서, 의학적 관점에서 인간 복제에 대해 어떻게 생각하고 있는지 한번 살펴보아요.

의학적 관점	윤리적 관점	종교적 관점
▶ 의학의 목적은 질병으로부터 인간을 자유롭게 하는 거예요. ▶ 인간 복제에 관한 연구는 질병 치료에 도움을 주기 위해 해야 해요. ▶ 단순히 인간을 복제하기 위한 실험이 허용돼서는 안 돼요.	▶ 사람들은 모두 유일한 존재이며, 존엄성이 있어요. 그래서 개성과 장점도 모두 다르며 우열을 따질 수 없지요. ▶ 인간 복제를 통해 우수한 유전자를 가진 사람을 만들어 내는 건 인간의 존엄성을 침해하는 거예요.	▶ 인간의 목숨은 우리 인간이 함부로 결정할 수 있는 부분이 아니에요. 마치 인간이 신인 것처럼 인간의 목숨을 좌지우지하는 것은 종교적으로도 큰 논란을 불러와요.

※이 책에 쓰인 사진의 저작권을 표시합니다.